AF411248

LE CULTIVATEUR

VÉTÉRINAIRE.

IMPRIMERIE DE COSSE ET J. DUMAINE, RUE CHRISTINE, 2.

LE

CULTIVATEUR

VÉTÉRINAIRE

Par Henri ARRAULT,

AUTEUR DE LA MÉDECINE DOMESTIQUE DES PAYS CHAUDS,
DES TABLEAUX SYNOPTIQUES D'HYGIÈNE, DE MÉDECINE, DE PHARMACIE,
A L'USAGE DES CAPITAINES AU LONG COURS;
DU GUIDE MÉDICAL DU CHASSEUR, ETC., ETC.

PARIS

CHEZ L'AUTEUR, RUE DE L'EMPEREUR, 11,
BARRIÈRE BLANCHE,
ET CHEZ TOUS LES LIBRAIRES.

—

1858

A MONSIEUR VICTOR BORIE.

Mon cher Borie,

Je vous dédie ce livre...., œuvre bien modeste, sans doute, parmi celles dont s'enorgueillit la science à laquelle vous vous consacrez avec amour;

Mais, si peu qu'il vaille, vous l'accepterez, j'en suis sûr, avec plaisir, car vous savez qu'il vous est offert par un bien bon ami.

Henri ARRAULT.

PRÉFACE.

« Il faut établir un assez grand nombre d'écoles vétérinaires, pour que tous les cultivateurs qui désireront acquérir des connaissances dans un art dont l'ignorance leur a été jusqu'ici si funeste, trouvent à leur portée les moyens de se satisfaire ; » écrivait Huzard, il y a plus d'un demi-siècle. « Il est à désirer que tous les cultivateurs deviennent vétérinaires, » disait-il plus loin. C'est cette pensée d'un homme célèbre dans l'art de guérir les animaux domestiques, qui m'a déterminé à publier le livre que je viens offrir au public.

Tout le monde a pu être frappé comme moi des ravages qu'exercent, dans nos campagnes, l'ignorance extrême des cultivateurs, l'ignorance plus dangereuse encore des rebouteurs, des maiges, des sorciers, des charlatans de toute sorte à qui les paysans confient leurs animaux malades. Tous les gouvernements, toutes les sociétés d'agriculture, tous les écrivains se sont élevés contre ces audacieux voleurs. Non-seulement ils ne gagnent pas l'argent qu'on leur donne, mais ils tuent les bêtes qu'on soumet aux traitements absurdes et souvent barbares qu'ils indiquent. Quand ils se contentent de signes cabalistiques et de paroles mystérieuses, on est encore bien heureux, car s'ils ne font pas de bien, au moins ils ne font pas de mal.

Je sais bien que la publication de mon petit livre sera insuffisante pour arrêter un mal qui a résisté jusqu'ici à toutes les tentatives que l'on a faites et qui prend sa source dans l'ignorance et la superstition; mais, au moins, aurai-je essayé d'éclairer les cultivateurs qui ont reçu une instruction primaire, et qui ne demandent qu'une occasion pour s'arracher aux pratiques des sorciers et des charlatans.

On ne peut pas appeler le vétérinaire toutes les fois qu'une bête est simplement indisposée et, quand le mal ne paraît pas dangereux, les plus sages n'hésitent pas à consulter le maige du village. C'est ce que j'ai voulu prévenir.

J'ai puisé les renseignements et les notions que contient mon livre aux sources les plus pures; j'ai donné à ces préceptes une forme rapide, simple et claire afin que le lecteur puisse facilement, connaissant les symptômes et les caractères du mal, savoir s'il peut lui-même traiter les animaux, ou s'il doit faire appeler le vétérinaire.

Dans les cas graves, j'ai indiqué ce qu'il y avait à faire en attendant l'arrivée de l'homme de l'art.

Enfin, j'ai tracé à grands traits les principales notions d'hygiène vétérinaire, car il vaut mieux prévenir les maladies que d'avoir à les guérir. On est toujours sûr, avec des soins préservatifs intelligents, d'éloigner une foule de maux, tandis qu'on n'est jamais sûr de les guérir.

J'ai divisé mon travail en cinq parties : la première s'occupe naturellement de l'hygiène vétérinaire, c'est-à-dire de la médecine préservative ; elle traite des aliments, des soins hygiéniques, des logements des animaux, du pansage, ensuite des falsifications qui peuvent être introduites dans les denrées alimentaires.

La médecine vétérinaire forme la seconde partie ; elle comprend les maladies générales, les maladies des nerfs, les maladies des organes digestifs, les maladies des organes génitaux et des voies urinaires, les maladies des voies respiratoires, les maladies de la peau, les maladies de la rate, enfin les maladies de la tête et de ses appendices.

La troisième partie comprend la petite chirurgie

vétérinaire, c'est-à-dire les opérations simples, qui doivent être faites sans retard, et que le cultivateur peut pratiquer lui-même.

Une instruction pratique sur l'emploi du contre-poison forme la quatrième partie, et nous conduit à la pharmacie vétérinaire, qui constitue la dernière partie du livre.

Cette partie n'est pas la moins importante. Après l'application inintelligente des remèdes par les charlatans, rien n'est plus dangereux que la falsification ou l'altération de ces remèdes. Telle préparation qui devait rendre à la santé un animal malade, deviendra pour lui un poison mortel, si elle est altérée ou falsifiée. D'un autre côté, ce qui empêche bien souvent d'appeler le vétérinaire, c'est la cherté excessive des médicaments fournis par le droguiste ou le pharmacien. J'ai consacré une bonne partie de mon travail à recueillir avec soin les meilleures formules des médicaments les plus employés dans la médecine vétérinaire, en mettant ainsi le cultivateur à même de préparer lui-même ces remèdes, après s'être procuré les substances qui les composent et dont la valeur est presque insignifiante. Avec mon petit livre, tous les agriculteurs peuvent presque devenir pharmaciens.

Je n'ai pas eu la prétention, je le répète, de faire un livre qui pût permettre aux cultivateurs de se passer du vétérinaire ; bien au contraire, mon but principal a été de leur montrer combien il était indispensable, dans toutes les circonstances sérieuses, d'avoir recours aux soins intelligents d'un homme habile et expérimenté. J'ai indiqué les précautions à prendre provisoirement en attendant l'arrivée d'un homme de l'art, afin de ne pas s'exposer à rendre la présence du vétérinaire inutile par défaut des soins nécessaires.

J'ai voulu, enfin, empêcher l'agriculteur isolé de s'adresser au sorcier, son voisin, lorsque le cas ne paraît pas assez grave pour envoyer chercher le vétérinaire.

Voilà le but que je me suis proposé en écrivant mon petit livre. Malheureusement, se fixer un but ce n'est pas l'atteindre.

LE CULTIVATEUR

VÉTÉRINAIRE.

CHAPITRE Ier.

Hygiène vétérinaire.

Mieux vaut prévenir que réprimer.

L'hygiène est la médecine préservative, c'est la science qui enseigne la conservation de la santé et le prolongement de la vie.

Celui donc qui en observerait bien les lois aurait rarement besoin d'avoir recours à la médecine curative, si souvent impuissante !

En effet, oserait-on soutenir, par exemple, que les nombreuses maladies qui déciment journellement les animaux domestiques n'ont pas pour causes la malpropreté, l'insalubrité des écuries et des étables, une nourriture mal réglée, des aliments de mauvaise qualité, des mauvais traitements, des travaux excessifs et nullement en rapport avec leurs forces, etc. ?

Qui oserait soutenir encore que des animaux qui vivent dans les mauvaises conditions dont nous venons de parler ne doivent pas nécessairement, infailliblement, contracter les maladies épizootiques dont seront préservés les animaux placés, au contraire, dans des écuries et des étables propres et bien aérées, pourvus d'une nourriture saine, bien réglée, soumis à un bon pansage quotidien, à des travaux en rapport avec leurs forces ?

Ces vérités sont si simples qu'il n'est pas besoin de la science pour les enseigner et les faire comprendre !

Elles sont pour tous comme une intuitive révélation.

Les cultivateurs ne doivent donc attribuer qu'à une coupable insouciance pour des animaux utiles, et à une inexplicable indifférence pour leurs intérêts, les pertes souvent considérables qu'ils éprouvent et qu'ils auraient évitées, s'ils n'avaient méconnu ou négligé les lois bienfaisantes de l'hygiène vétérinaire.

§ 1er. — Aliments.

Le même aliment peut avoir une action bienfaisante ou nuisible.

Ainsi, par exemple, si, au lieu de donner un aliment rafraîchissant à un animal atteint d'une inflammation du tube digestif, vous lui donniez un aliment tonique et excitant, vous compromettriez sa vie au lieu de le guérir.

Les qualités des aliments étant connues, c'est au cultivateur intelligent et bien attentionné pour ses animaux à discerner la nourriture appropriée à leur organisation, à leur état de santé ou de maladie.

Aliments adoucissants, Emollients. — Ils diminuent les propriétés nutritives du sang en augmentant sa sérosité. Ils conviennent dans toutes les maladies inflammatoires de l'estomac et du poumon.

Riz.	Carotte.	Navet.
Orge.	Son.	Rave.
Maïs.	Pain.	Lait.
Seigle.		

Les carottes les plus recherchées sont les carottes à collet hors de terre ; suivant M. Cornaz de Montez, la variété rouge, que M. Vilmorin a fait connaître, est excellente.

Indépendamment des qualités précieuses de cette racine pour la nourriture des animaux, fait observer M. Villeroy, sa culture offre au cultivateur un avantage très-grand, en ce sens qu'elle n'est jamais, comme beaucoup d'autres racines, attaquée par les insectes.

La matière sucrée qu'elle contient la rend d'une très-facile digestion.

L'animal doit la manger crue, car la cuisson à l'eau, en lui enlevant ses parties sucrées, diminuerait ses propriétés. Les feuilles vertes sont recherchées par le bétail.

Comme les animaux mangent souvent gloutonnement, et comme une racine entière, avalée sans être broyée, pourrait, en s'arrêtant dans le gosier, causer une asphyxie, il ne faut jamais donner aux animaux les carottes sans les avoir d'abord divisées au coupe-racine.

Plusieurs de ces substances sont aussi employées extérieurement, en lotions, en cataplasmes ; elles ont alors pour effet d'amollir, de détendre les fibres, de gonfler la peau et d'amoindrir la sensibilité. (V. *Médicaments émollients.*)

Aliments cordiaux et échauffants.— Ils relèvent les forces, tonifient les organes.

L'avoine.	Le froment.	Les fèves.
Les féverolles.		

Donnés en quantité trop grande, ces aliments engrais-seraient trop les animaux de travail, et les prédispose-raient à l'apoplexie.

Ils conviennent aux animaux dont les forces sont af-faiblies par de longues maladies, par des privations ou par un travail forcé.

Aliments rafraîchissants et tempérants. — Ils ont la propriété de modérer l'activité de la circula-tion et de la respiration; de calmer la chaleur fébrile, de diminuer la soif.

Les farines délayées dans beaucoup d'eau ; les plantes alimentaires suivantes, *consommées en vert.*

Le trèfle.	Les fanes de vesces.	Les fanes de lentilles.
La luzerne.	— de gesses.	— de fèves.
Le sainfoin.	— de pois.	— de féverolles.
Les jeunes tiges de l'orge non encore pourvues d'épis.		
La paille hachée et mouillée.		

Ils conviennent dans les inflammations du tube di-gestif.

Aliments laxatifs. — Ils agissent sur l'intestin et provoquent la sortie des aliments.

Ils sont plus ou moins indigestes.

Le regain.	Le petit lait.	Le gros miel.

Aliments légers et de facile digestion. — Ils conviennent aux animaux atteints d'inflammations d'in-testins ; ce sont les farines de froment, d'orge, de seigle, données en barbotage.

Aliments toniques. — Ils augmentent les forces, rendent le sang plus rouge, plus riche : ils donnent aux muscles plus d'énergie, au poil plus de brillant.

Le trèfle.	La luzerne.	Le sainfoin.

Ils maintiennent l'embonpoint de l'animal, sans le trop engraisser.

Ils conviennent aux animaux languissants et affaiblis par des travaux excessifs.

Aliment fortifiant de Delafond :

Farine d'orge.	500 grammes.
Avoine broyée..	500
Muriate de soude (sel de cuisine).	30

Mêler.

Avoine. — Voici le plus nourrissant de tous les aliments. Sous le rapport des effets et de l'économie, aucun grain n'a pu encore le remplacer : *Cheval d'aveine, cheval de peine,* disaient les anciens.

La ration d'un cheval varie de 2 à 20 litres par jour.

La valeur nutritive de l'avoine est à celle du foin comme 10 est à 6.

En raison de ses grandes propriétés nutritives, l'avoine ne doit être donnée qu'avec réserve au cheval de labour, dont les travaux ne sont pas fatigants.

Elle est, au contraire, la nourriture par excellence des chevaux de diligence et de roulage, chez lesquels elle répare vite les forces absorbées par les travaux pénibles auxquels ils sont soumis.

Il y a avantage pour le cheval, et économie pour le cultivateur, à donner l'avoine broyée au lieu de la donner en grains (V. *Nourriture*).

La paille d'avoine ne se consomme ordinairement qu'en litière.

Comme nourriture, elle est inférieure à la paille d'orge et surtout à celle de froment.

On donne quelquefois les balles à manger aux bestiaux.

Avoine nouvelle. — Suivant Huzard, l'avoine nouvelle donne quelquefois des tranchées, des indigestions, le vertige, etc.

Pour éviter ces accidents, il faut réduire de moitié la ration de cette avoine, à laquelle on mêlera 15 grammes de sel de cuisine.

Ce régime pourra, par précaution, être suivi jusqu'en novembre, époque où les accidents produits par l'avoine nouvelle ne seront plus à redouter.

Carottes. — Suivant M. Boussingault, il faut 4 kilog. de carottes pour l'équivalent de 1 kilog. de bon foin.

Mais pour ne pas être très-nourissante, cette racine n'en constitue pas moins une bienfaisante nourriture surtout dans le cas d'échauffement du côté du tube digestif.

Les chevaux en sont très-friands. Il faut avoir soin, avant de la leur donner, de bien laver cette racine et de la diviser.

La carotte est une nourriture très-bonne et très-économique pour les chevaux de labour. Les cultivateurs allemands l'ont bien compris et en font usage ; dans certains pays, ils lui préfèrent, comme plus économique encore, la nourriture par les pommes de terre (V. *Pommes de terre*).

Foin. — Le foin de bonne qualité est vert, d'une odeur agréable, aromatique.

Pour la nourriture du cheval, il doit être fin, c'est-à-dire exempt de grosses tiges.

Les foins gros, durs, ligneux, à feuilles larges, épaisses, peuvent servir à la nourriture du gros bétail, à la condition toutefois que ces foins seront de bonne qualité, et récoltés dans de bonnes conditions.

Le foin des marécages où croissent le roseau, la renoncule, est de mauvaise qualité ;

N'en donner que de petites quantités à la fois;

Rejeter celui qui est frais, humide et de mauvaise odeur.

Ne jamais oublier, avant de donner le foin aux animaux, de bien le secouer pour en ôter la poussière, qui sans cette précaution pourrait faire naître des irritations à la gorge.

Fourrages trempés. — D'après M. Boussingault, les fourrages trempés n'offrent un réel avantage que dans le cas d'engraissement, où il y a intérêt à faire ingérer le plus tôt possible.

Etant d'une mastication plus facile, ils conviennent au jeune bétail, lorsqu'il passe de l'allaitement à la nourriture végétale.

Lentilles. — Ces graines sont très-nutritives;

Ne les donner qu'avec précaution aux chevaux.

La ration de fanes doit être d'autant moins forte qu'elles renferment plus de graines.

Luzerne. — Elle est si nourrissante et si substantielle, qu'il est prudent de la mêler avec de la paille, sinon l'animal engraisserait trop et trop vite.

Sainfoin. — Mêmes qualités que la luzerne; il est toutefois plus délicat, et les animaux le mangent mieux.

Trèfle. — C'est de tous les produits des prairies artificielles le plus délicat et le plus recherché par les animaux, surtout lorsqu'il est vert. Il réunit toutes les qualités des meilleurs fourrages.

Orge. — Un mélange de 2/3 d'orge et de 1/3 d'avoine broyées est une nourriture considérée par les Anglais comme excellente. L'orge tempère les propriétés échauffantes de l'avoine.

1.

En Ecosse on fait fréquemment usage d'orge cuite comme d'une bonne nourriture pour les chevaux.

Paille de froment. — C'est un aliment très-sain, très-nourrissant ; il donne au poil plus de lustre que le foin ;

La ration d'un cheval est de 5 kilog. environ par jour.

Hacher la paille est une bonne méthode, qui aide singulièrement la mastication et rend plus facile l'assimilation.

Pomme de terre. — Dans toute la Bavière, les cultivateurs ne nourrissent leurs chevaux que de pommes de terre et de foin ; ils ne leur donnent que *très-rarement* de l'avoine.

Données *crues*, elles nourrissent moins bien, et occasionnent des diarrhées ; *cuites* et légèrement **salées**, elles sont excellentes et se digèrent très-bien.

M. Villeroy estime que la valeur nutritive d'un kilog. de *pommes de terre cuites équivaut à celle d'un kilog. de bon foin*.

Le même observateur ajoute que ses chevaux se sont toujours bien trouvés de la ration quotidienne suivante : 5 kilog. de foin, 12 kilog. 500 de pommes de terre cuites, 3 à 4 litres d'avoine ; quand les chevaux ne travaillent pas, on supprime l'avoine.

On ne doit jamais oublier ce précepte de l'hygiène, que, pour se trouver dans les meilleures conditions possibles, une *nourriture doit être complexe et variée :* or nous pensons que la nourriture exclusive par les pommes de terre, à la manière allemande, doit avoir ses inconvénients. Nous conseillerons donc de mêler ce tubercule au foin haché et à l'avoine broyée, dans les proportions indiquées par M. Villeroy.

Son. — C'est un aliment sain, mais peu nutritif; il ne convient pas aux chevaux soumis à un travail pénible; mêlé à des aliments échauffants, il les tempère et constitue alors une bonne nourriture.

En délayant deux litres de son dans un demi-seau d'eau, on fait une excellente boisson pour un cheval altéré par la poussière et par une course pénible. *Le son mouillé* convient aux chevaux malades, aux jeunes chevaux non encore habitués à l'avoine.

Sa valeur nutritive varie suivant la quantité de fécule qu'il contient.

Quand il n'a passé qu'une seule fois sous la meule, il s'appelle *recoupe,* c'est le meilleur.

S'il y a passé deux fois, il s'appelle *recoupette,* il est moins bon.

Privé totalement de fécule, il est indigeste.

N'en user sous cette dernière forme qu'avec circonspection.

Ne jamais le donner sec, mais au contraire le bien mouiller, et le mêler à des racines broyées. Il convient aux herbivores et surtout aux porcs ; il est très-rafraîchissant.

§ 2.

TABLEAU

DE LA VALEUR COMPARATIVE

DES

PROPRIÉTÉS NUTRITIVES DES ALIMENTS,

LE FOIN DE BONNE QUALITÉ ÉTANT PRIS POUR ALIMENT TYPE.

Nota. Il est bien entendu que les chiffres suivants ne sont qu'approximatifs, car tout le monde sait que les produits végétaux ont, suivant les varia-
tions atmosphériques, des qualités nutritives plus ou moins grandes.

Pour remplacer 100 kilog. de bon foin,

Il faut :

485 kil. de colza.		55 kil. de lin.	
620 — de betterave.	*Fanes et feuilles vertes.*	55 — de colza.	
650 — de choux.		80 — de pavots.	
720 — de pomme de terre.		120 — de chenevis.	
		120 — de cameline.	
130 — de trèfle.		150 — des amidonneries.	
220 — de féverolles.		275 — des sucreries.	
125 — de lentilles.		125 — des balles de cé-réales.	
150 — de vesces.	*Pailles et fanes sèches et séparées de leurs graines.*	260 — des féculeries.	*Résidus et tourteaux.*
150 — de pois.		320 — des distilleries de grains.	
150 — de millet.			
220 — de maïs.		640 — des distilleries de pommes de terre.	
210 — d'avoine.			
250 — d'orge.		340 — de raisins.	
280 — de froment.		350 — de fruits,	
270 — de seigle.		210 — cosses de crucifères	
620 — de sarrasin.			

460 kil. d'ajoncs écrasés.	
275 — de maïs.	
450 — de sarrasin.	
450 — de trèfle commun.	Fourrage vert.
380 — de pois.	
350 — de vesces.	
45 — de froment.	
45 — de lentilles.	
45 — de fèves.	
45 — de pois.	
45 — de vesces.	
45 — de maïs.	Graines.
45 — de seigle.	
50 — d'orge.	
50 — de sarrasin.	
60 — d'avoine.	
90 — de trèfle.	
90 — de luzerne.	Foins.
90 — de sainfoin.	

150 kil. de frêne.	
120 — d'érable.	
120 — d'orme.	
120 — d'acacia.	Feuilles sèches.
115 — de peuplier.	
115 — de tilleul.	
220 — de pomme de terre.	
280 — de carottes.	
250 — de topinambours.	
430 — de navets.	Racines et tubercules.
320 — de panais.	
270 — de choux-raves.	
270 — de betteraves.	
60 — de châtaignes.	
75 — de glands.	Fruits secs et charnus.
75 — de marrons d'Inde.	
700 — de courges.	

§ 3. — Aliments falsifiés.

Aux foins fins, aromatiques, de bonne qualité, le commerce mêle souvent des foins de basses prairies, des foins mal récoltés ou mal conservés.

A l'avoine, à l'orge, on mêle diverses graines, et surtout des criblures de froment.

C'est à l'attention du cultivateur, c'est à son œil exercé à découvrir de pareilles fraudes.

Son falsifié. — On falsifie le son avec de la sciure de bois blanc : cette fraude est difficile à reconnaître, surtout quand elle est faite habilement, c'est-à-dire avec la sciure dont les fragments sont à peu près de la même dimension et de la même couleur que ceux du son.

On falsifie encore le son avec des matières terreuses, du sable ; cette fraude est facile à reconnaître : en lavant le son, les matières terreuses étant d'une pesanteur spécifique plus grande que le son, se précipiteront au fond du vase et formeront une couche plus ou moins appréciable.

Aliments altérés. — Par une économie bien mal comprise, et pour ne pas vouloir jeter au fumier des fourrages gâtés, des cultivateurs les donnent à leurs animaux.

Il arrive que pour sauver quelques centaines de francs, ils s'exposent à perdre leurs écuries ou leurs étables, car un fourrage détérioré donne toujours des inflammations d'estomac et d'intestins. C'est là de l'économie à rebours !

Farines d'orge et de blé (moisissure des). — Les farines d'orge ou de blé moisies pourraient occasionner de graves inconvénients, si elles étaient données à des animaux atteints d'inflammation intestinale : on cite même des cas où elles ont donné la mort.

§ 4. — Notions générales d'hygiène.

Animaux maltraités. — La plupart des abcès qui se forment dans les parties profondes et beaucoup de maladies organiques n'ont souvent d'autre cause que des coups violents portés à l'animal avec un **manche de fouet**, de fourche, etc., par un domestique brutal. Or, qui a bu, nous voulons dire qui a frappé, frappera, selon la sagesse des nations !...

Nous conseillerons donc au cultivateur de chasser sans pitié le domestique dur et brutal pour ses chevaux. L'humanité et son intérêt personnel le lui commandent également.

Bains froids généraux. — Ils tonifient les organes, détendent et reposent les muscles, rafraîchissent le corps, en calment les excitations, et rendent la transpiration plus régulière en nettoyant la peau.

Après une journée de fatigue, en été, rien ne repose mieux un cheval qu'un bain froid.

La durée du bain doit toujours être courte, surtout si l'eau est froide.

Le bain d'eau courante est le plus salutaire.

Le sabot du cheval est recouvert d'un vernis naturel destiné à l'empêcher de se fendre au contact de l'air sec : comme ce vernis est soluble dans l'eau, et que des bains souvent répétés pourraient l'enlever, il sera prudent, pour préserver le sabot de gerçures, de le graisser avant chaque bain.

Barbotage. — Boisson composée d'eau et de son ou de farine d'orge.

Elle convient aux chevaux épuisés par la chaleur ou le travail ; à ceux qui contractent facilement des maladies inflammatoires. Dans les convalescences, où les aliments excitants sont proscrits, le barbotage est non-seulement rafraîchissant, mais il devient même un aliment précieux.

Bœuf de travail. — Rien ne délasse mieux un animal qu'un bon pansage : il faut donc chaque soir, après le travail, bien lui frictionner le corps et surtout les articulations : une bonne litière lui est surtout indispensable, car le bœuf ne peut rester debout comme le cheval. Si après une marche sur des pierres dures, ses pieds sont douloureux, envelopper les ongles de linges imbibés d'eau vinaigrée.

Changement de poil. — Nos chevaux changent de poil deux fois par an, au printemps et à l'automne.

A ces époques, une crise se fait chez eux : des sueurs fréquentes indiquent de la faiblesse.

Ménager les animaux ; ne pas exiger d'eux des travaux trop forts. Si la transpiration est abondante, couvrir le cheval dans un temps d'arrêt : cette précaution est très-importante, si on veut éviter des maladies de poitrine.

Des vétérinaires fort instruits prétendent que la tonte en automne est un bon moyen préservatif des maladies de poitrine (V. *Tonte*).

Cheval (âge du). — Le cheval naît avec six dents molaires à chaque mâchoire.

Douze jours après sa naissance, il lui vient deux pinces à chaque mâchoire.

Quinze jours après, les mitoyennes paraissent.

A quatre mois sortent les coins.

A dix mois, les incisives sont de niveau et creuses ; les pinces moins que les mitoyennes, celles-ci moins que les coins.

A un an, quatre dents molaires, trois de poulain et une de cheval de chaque côté de la mâchoire.

A dix-huit mois, les pinces sont pleines : cinq molaires, deux de cheval et trois de lait.

A deux ans, les dents de lait sont rasées, les premières molaires tombent.

A deux ans et demi, chute des pinces.

A trois ans et demi, chute des secondes molaires et des mitoyennes.

A quatre ans, six dents molaires, cinq de cheval et une de lait.

A quatre ans et demi, chute des coins et de la troisième molaire de lait.

A cinq ans, les crochets percent.

A cinq ans et demi, la muraille interne de la dent du coin est égale à l'externe, et le crochet est presque dehors.

A six ans, pinces rasées entièrement; la muraille interne des coins l'est un peu aussi, et le crochet est émoussé.

A sept ans, les mitoyennes sont rasées et le crochet usé d'un quart.

A sept ans et demi, coins presque rasés, crochet usé d'un tiers.

A huit ans, le cheval est rasé entièrement; le crochet est arrondi.

A neuf ans, presque plus de sillons aux crochets; pinces plus arrondies.

A dix ans, plus de sillons aux crochets, qui sont encore plus arrondis.

De dix à douze ans, peu de différence.

A douze ans, crochets totalement arrondis; pinces moins larges et plus épaisses.

A quinze ans, pinces triangulaires et plongeant en avant.

A vingt ans, incisives plates des côtés et écartées.

De vingt à vingt-deux ans, chute des deux premières molaires.

De vingt-trois à vingt-six ans, chute des deuxième et cinquième molaires.

Chute de la sixième à vingt-neuf ans, parfois à trente.

Chevaux (fourberies des marchands de). — Si le

cheval qu'ils veulent vendre est trop jeune, ils arrachent les coins et les mitoyennes caduques, et déterminent par cette opération l'éruption des remplaçantes : de cette manière *ils vieillissent le cheval.*

Cette ruse se reconnaît à l'arcade dentaire qui offre des inégalités lorsqu'il y a eu arrachement des caduques.

Pour le rajeunir, ils pratiquent avec un burin au milieu de la dent une cavité qu'ils noircissent avec un fer chaud ou du nitrate d'argent.

Cette ruse se reconnaît en examinant la cavité factice qui *est privée de son émail.*

Cheval rentrant du vert. — Le premier jour, donner 5 parties de vert pur, 1 de foin et de paille ; les jours suivants, augmenter d'un sixième ces derniers aliments et diminuer d'autant le vert, pour, le sixième jour, arriver à ne donner à l'animal que du fourrage sec.

Pendant la première semaine, le sortir deux fois par jour pendant une heure ; le mener au pas, et au petit trot alternativement ; le bien nettoyer à sa rentrée à l'écurie ; nourriture appropriée, luzerne, vesces, carottes, eau blanchie de farine d'orge, écurie bien aérée, litière sèche.

Cheval auquel le vert convient. — Le vert convient :

Au jeune cheval qui n'a pas acquis toute sa croissance ; à celui qui est convalescent d'une maladie aiguë ; à celui qui est dégoûté des aliments, qui est languissant, dont les urines sont rares et colorées, dont les excréments sont durs, secs, noirs et fétides ; à celui qui paraît être atteint d'une irritation des organes digestifs ; à celui dont les membres et les pieds sont fatigués et dont les articulations sont douloureuses.

Il est essentiel de mêler toujours un peu d'avoine avec le vert.

Cheval auquel le vert ne convient pas. — *Le vert ne convient pas* au vieux cheval, à celui qui est atteint de maladies chroniques.

Manière de donner le vert. — On peut le donner à l'écurie ou en liberté : mais cette dernière manière est préférable ; il est des cas, comme, par exemple, lorsqu'il s'agit de chevaux faibles, convalescents, où il vaut mieux le faire prendre à l'écurie, car là seulement on peut donner à ces animaux les soins nécessités par leur état de souffrance.

Cheval (exercice à faire prendre à un jeune).— Il est un fait malheureusement peu connu et peu apprécié en France, c'est que la force d'un cheval, la souplesse et la vigueur de ses muscles, dépendent, en partie, des exercices convenablement réglés auxquels il a été soumis pendant les deux premières années de son âge.

C'est là le secret des éleveurs anglais qui, en proportionnant les exercices à une certaine quantité d'avoine, donnée même avant le sevrage, portent le système musculaire au plus haut point de perfectionnement possible. « Car, disent-ils, la taille des chevaux est dans le coffre à avoine. »

Cheval soumis à des travaux pénibles. — La meilleure nourriture à lui donner est le foin et l'avoine, *mais en quantité moyenne à la fois :* lui donner au contraire à boire à discrétion.

Cheval de courses. — Ce cheval a besoin de se coucher le plus possible pour reposer ses muscles et retrouver sa force : sa litière doit donc être tenue toujours sèche et saine.

Cheval (soins à donner pendant un long voyage à un).
— Un peu d'eau donnée plusieurs fois pendant la route le rafraîchit et lui redonne de la vigueur.

Au terme de la course, le faire boire, mais peu, avant de lui donner des aliments, et après avoir pris ceux-ci, le laisser boire à sa volonté.

Si l'animal est en sueur, il faut le promener au pas pendant un quart-d'heure avant de le faire rentrer à l'écurie, puis le bien bouchonner.

Cheval dont les jambes sont fatiguées par un long travail. — Le déferrer et le mettre à la charrue, sur des terres exemptes de pierres, ou mieux encore le mettre au pré.

Tous les jours, un bain de rivière jusqu'au-dessus du genou pendant une demi-heure.

Chairs d'animaux morts de maladies contagieuses. — Il y a ici deux camps bien tranchés. *Dans l'un* sont les médecins *contagionistes*, c'est-à-dire ceux qui regardent ces chairs *comme un poison dangereux pour l'homme.*

Dans l'autre sont *les non contagionistes*, c'est-à-dire ceux qui affirment au contraire *que nous pouvons en manger sans inconvénient aucun.*

Aucune discussion médicale n'a fait plus de bruit, n'a soulevé plus de tempêtes!... Ce qui a été écrit *pour et contre* est incalculable!

La question n'a pas cependant avancé d'un pas!...

Personne n'a été converti, chacun est resté avec ses convictions!...

Les médecins *contagionistes* ont pour eux un nombre considérable d'empoisonnements par ces chairs pestiférées.

Un boucher du Vivarais, dit *Fromage de Feugré*, acheta à bas prix un bœuf malade : les soldats du Royal-Bavière qui en mangèrent furent tous pris de diarrhée, de dyssenterie, accompagnées d'étourdissements.

Un homme de Clermont-Ferrand, ajoute le même auteur, eut la gangrène au bras sur lequel il avait mis le cuir d'un bœuf pestiféré qu'il avait dépouillé : cet homme mourut quelques jours après.

François Mars, d'Ardes, fut chercher dans les montagnes des peaux d'animaux morts de maladies contagieuses. Il jeta sa veste sur ces peaux, et il couvrit, la nuit, avec ce vêtement, les pieds de deux de ses filles : l'une avait quinze ans, l'autre neuf.

Dès le lendemain, leurs bouches devinrent noires, et successivement le reste du corps.

Le fils, couchant avec son père, a éprouvé les mêmes accidents, *et tous les trois sont morts le soir même du jour* de l'apparition du mal.

Par une de ces causes qui resteront éternellement inconnues à l'homme, le père, qui se couvrit de sa veste, n'éprouva aucun dérangement dans sa santé.

Un nommé Giroud écorchait une vache morte : une goutte de sang jaillit dans son œil : trois jours après, une tumeur noire, livide, grosse comme une pomme, apparut sur la caroncule lacrymale et se propagea sur toute la face. Il guérit après un mois de traitement.

Un autre individu reçut également, en écorchant une vache, une goutte de sang dans l'œil : celui-ci fut moins heureux : il succomba le vingt-deuxième jour de traitement (1).

____

(1) Huzard et Chabert, *Maladies des animaux domestiques.*

Dans ces derniers temps, deux médecins distingués, MM. Costa et Edouard Turquetti, ont affirmé (*Gazette des hôpitaux*) que des hommes avaient succombé pour avoir mangé de la chair d'animaux morts par le charbon.

Le docteur Franck, célèbre professeur de Spire, rapporte, dans son *Traité de police médicale*, que des malades de l'hôpital de Spire moururent pour avoir mangé des chairs d'animaux malades.

Et parmi les contagionistes contemporains, voici venir un homme d'une grande valeur scientifique, M. Delafond, professeur à l'école d'Alfort, qui, d'accord avec les médecins que nous venons de citer, vient affirmer que la chair d'un porc atteint de ladrerie donne toujours la diarrhée.

Cette opinion a été admise par le tribunal de la Seine, qui a condamné, en 1832, un charcutier de Nanterre qui avait exposé au marché des Prouvaires de la chair de porc atteint de ladrerie.

D'un autre côté, les preuves ne manquent pas non plus aux *non contagionistes :* ils citent aussi un grand nombre de cas où ces chairs ont été mangées sans résultat fâcheux pour la santé, et ils expliquent *ce fait* par l'action puissante des sucs gastriques qui, disent-ils, décomposent le virus ou bien neutralisent ses propriétés toxiques, absolument comme un alcali fait d'un acide au fond de nos matras.

Pour ces médecins, notre estomac, ce viscère musculeux, foyer de cette mystérieuse et puissante force digestive, notre estomac ressemblerait *à un corps inerte, à une cornue,* dans laquelle se passeraient les mêmes phénomènes de décomposition qui ont lieu dans les cornues de nos laboratoires.

C'est, qu'il nous soit permis de le dire en passant, c'est un peu parodier la nature!... Quoi qu'il en soit, et pour bien comprendre la théorie des *non contagionistes*, pour admettre avec eux que le suc gastrique puisse transformer d'une façon magique ces chairs empoisonnées en un aliment sain pour nous....., il faudrait alors que ces chairs fussent portées directement dans l'estomac et déposées au milieu de ce suc gastrique destiné à leur transformation.

Mais cela n'a pas lieu; et avant d'y arriver, ces chairs pestiférées sont broyées, les dents expriment avec violence le virus des fibres où il est renfermé, la bouche s'en imprégne de toutes parts.

Et s'il y a dans la bouche des *aphtes*, des *écorchures*, est-ce qu'une quantité de ce virus, *non encore décomposé, puisqu'il n'aura pas touché encore le suc gastrique*, est-ce que, disons-nous, une quantité de ce virus, suffisante pour donner la mort, ne pourra pas être absorbée?

Est-ce que, *dans cette condition*, c'est-à-dire dans le cas d'une membrane muqueuse dénudée, la transmission à l'homme par l'animal des maladies contagieuses n'est pas prouvée?

Dans la phalange des *non contagionistes* se trouvent deux savants, MM. Payen, de l'Institut, et Renault, directeur de l'Ecole d'Alfort, qui se sont livrés à cet égard à de nombreuses expériences, dont le résultat, disent-ils, a complétement confirmé leurs opinions.

Les expériences de MM. Payen et Renault ont été faites incontestablement avec toute l'habileté, avec cette haute probité qu'ils apportent toujours dans les questions scientifiques.

Mais qu'il nous soit humblement permis de faire observer que *ces expériences n'ont été faites que sur des chiens*. OR, C'EST DE NOTRE VIE *et non de celle d'un animal qu'il s'agit ici.*

Et, malgré la similitude *anatomique* de nos organes avec ceux des carnivores sur lesquels ont été faites les expériences, il nous semble que les conclusions de MM. Payen et Renault ne sauraient avoir droit d'asile dans la science, qu'alors seulement qu'elles auront été confirmées par des expériences faites directement, non pas une, mais plusieurs fois :

1° Sur des hommes de tempéraments divers (bilieux, sanguins, lymphatiques);

2° Sur des convalescents;

3° Sur des organisations fortes, et comparativement sur des organisations délicates.

Ces expériences seront-elles tentées? Se trouvera-t-il un médecin pour en accepter la terrible responsabilité?

Nous ne savons.

En attendant, comme il s'agit d'une question où sont fortement intéressées notre santé, notre vie même, et alors qu'Hippocrate dit *oui* là où Galien dit *non*....., il est très-sage de s'abstenir.

Ce qui précède est un peu en dehors du cadre de cet ouvrage; rentrons dans notre sujet et disons aux cultivateurs :

Le dépècement des chairs pestiférées, leur seul contact est très-dangereux et expose l'opérateur à la pustule maligne. Il suffit de la plus petite écorchure à la main pour qu'il en soit atteint.

En présence d'un si terrible danger, ce serait vous faire injure de penser qu'il pourrait y avoir un seul d'entre vous qui voulût y exposer un brave serviteur.

Conclusion. — *Tout animal mort d'une maladie contagieuse doit être enterré tout entier et en prenant de
grandes précautions.*

Chaleurs excessives. — Pendant les grandes chaleurs, le travail est énervant, il épuise l'économie et
dispose les animaux aux inflammations, aux fièvres charbonneuses.

Il faut donc, autant que possible, abréger les heures
de ce travail.

Charlatans, Vendeurs de remèdes secrets. —
La France est la terre promise des charlatans,... grands
et petits !

Je ne sais qui a dit que le peuple français était le
peuple le *plus spirituel de la terre !*...

Cette flatterie peut plaire à notre amour-propre na-
tional, mais la vérité exige, pour rendre le portrait plus
ressemblant, d'ajouter que ce peuple si spirituel est aussi
le plus *béotien,* le plus bêtement crédule qu'il y ait au
monde !...

En effet, combien de *bourdes,* — et des plus grosses,
— ne lui a-t-on pas fait avaler dans tous les temps !...
sans remonter jusqu'à nos bons aïeux.... Nos pères
n'ont-ils pas été en adoration devant le baquet de Mes-
mer et le creuset de Cagliostro ?

Mais nous-mêmes, qu'avons-nous à reprocher à nos
pères ?... Nos imaginations sont-elles plus saines que
les leurs ?... Le somnambulisme, le magnétisme,
l'homœopathie, les tables tournantes, le médium de
l'Américain *Home,* etc., n'ont-ils pas parmi nous beaucoup de sectaires, de fanatiques même !

Et pour rentrer dans notre sujet,... ne voyons-nous
pas dans nos campagnes des hommes, *très-intelligents*

d'ailleurs, prendre pour de la vraie science l'ignorance grossière de ces *vétérinaires marrons,*

> . . . . . Présent le plus funeste
> Qu'aux fermiers a donné la colère céleste,

Et pour des panacées leurs drogues infectes ?...

Cultivateurs, pourquoi n'apportez-vous pas ici ce bon sens, cette sagesse dont vous faites preuve ailleurs !...

Dans votre intérêt, croyez-nous, chassez de vos fermes ces charlatans, ces détestables vendeurs de drogues, qui vous ont tué plus d'animaux que toutes les épizooties ensemble !...

Recourez, en toute occasion, au vétérinaire, et, croyez-nous, vos animaux ne s'en porteront que mieux, et, au bout de l'année, votre' bourse se trouvera plus garnie !... car les modestes honoraires que vous aurez donnés à l'homme de la vraie science auront porté d'heureux fruits pour vous !

A l'appui de nos conseils, voici, entre mille, un fait qui vient tout récemment de se passer dans un village près de Pontoise.

Une pauvre femme avait pour toute fortune une vache : elle vivait du produit du lait de cette vache.

L'animal reçut un coup de corne dans le flanc : une tumeur, de la grosseur d'un œuf, se détermina aussitôt.

Un de ces industriels fut consulté. Il examina la tumeur et dit avec cet aplomb qui n'appartient qu'à ces hommes que c'était un *abcès* qui allait promptement *mûrir* à l'aide de cataplasmes, et qu'il le percerait dans quelques jours pour en *extraire le pus.*

Vers l'époque fixée, notre homme arriva et plongea bravement son bistouri dans l'*abcès :*.... mais au lieu de pus, il n'en sortit que de l'eau légèrement colorée par du sang.

Cette tumeur, que notre ignorant avait prise pour un ABCÈS, *était* UNE HERNIE *qui s'était formée par la rupture du péritoine.*

L'animal eût pu vivre longtemps encore avec cette infirmité : le travail de la lactation n'en eût pas même été sensiblement troublé, et la pauvre femme eût conservé son seul moyen d'existence.

Mais l'opération devait amener un résultat fatal : en effet, une péritonite violente se déclara.

M. Caffin, jeune vétérinaire très-instruit, fut alors appelé : mais la science était devenue impuissante, la maladie avait atteint sa période mortelle : l'animal mourut deux jours après !... *Ab uno disce omnes.*

Voici un arrêté du ministre de l'intérieur, du 19 thermidor an III : « Considérant que les charlatans abusent de la confiance des cultivateurs, et que leur ignorance est fatale à l'intérêt public, et qu'il est urgent de mettre un terme à ce désordre,

« Arrête :

« Il est défendu à tout particulier d'exercer la médecine vétérinaire, et aux cultivateurs de l'employer pour cet objet, sous peine d'être poursuivi par voie de police correctionnelle. »

Si cet arrêté n'est pas abrogé, ne pourrait-on pas le remettre en vigueur ?

Convalescence. — C'est pendant la convalescence qu'il faut régler avec soin et surveiller l'alimentation ; multiplier les soins. Un écart dans le régime peut amener une *rechute* presque toujours *mortelle*, surtout après une maladie inflammatoire !... Les aliments adoucissants doivent être seuls employés; c'est au vétérinaire à en régler les doses, suivant l'état de faiblesse de l'animal, son âge, etc.

Une funeste habitude, qui a tué peut-être plus d'animaux que lés maladies elles-mêmes, c'est de remettre, après une convalescence, un cheval trop tôt au travail.

Combien de cultivateurs ont perdu des chevaux de valeur pour n'avoir pas consulté à cet égard le vétérinaire, dans le but d'économiser le prix, bien modeste cependant, de sa visite?...

Règle générale. Pour abréger autant que possible la durée de la convalescence, il est essentiel de tenir les animaux dans une habitation sèche et chaude; de leur faire faire de petites promenades au soleil et le corps enveloppé de couvertures, afin de les mettre à l'abri des courants d'air; de n'exiger d'eux qu'un travail léger; de les mettre au vert, en liberté, si cela est possible, aussitôt qu'ils auront pris assez de force pour le supporter; de les bien panser, de les faire boire tiède et de leur donner des aliments choisis et fortifiants, auxquels on ajoutera une petite quantité de sel de cuisine.

Diète. — L'animal carnivore supporte mieux la diète que l'herbivore.

En général, et sauf le cas d'inflammation du tube digestif, la diète chez les ruminants ne doit jamais être absolue : faire usage alors d'aliments légers et de facile digestion.

Eaux potables. — Les meilleures, après les eaux de rivière, sont l'eau de puits de bonne qualité et l'eau de source.

En hiver, laisser séjourner l'eau pendant plusieurs heures dans l'écurie, et en été à l'air libre.

Cette précaution évitera souvent au cheval la colique venteuse, les tranchées.

C'est un préjugé de croire qu'un cheval qui boit souvent prend du ventre : il y a, au contraire, moins d'inconvénient à faire boire un cheval quatre à cinq fois par jour, car, la soif étant moins grande que celle d'un cheval qui ne boit que deux fois par jour, il n'aura pas besoin, pour l'étancher, de prendre, comme celui-ci, une grande quantité d'eau.

Nota. Il y a des eaux de puits très-chargées de sel de chaux ; ces eaux sont mauvaises : elles ne dissolvent pas le savon, c'est un moyen de les reconnaître.

Eaux malsaines. — L'eau stagnante des étangs et des mares, en raison d'innombrables débris de végétaux et d'animaux en dissolution, est impure, nauséabonde et dangereuse comme boisson.

Eaux de neige ou de glace. — Toute eau privée d'air est lourde et indigeste : or, comme ces eaux en sont privées, il faut avoir soin d'y faire pénétrer de l'air en les agitant avant de les donner aux animaux.

Écurie. — La construction d'une écurie ou d'une étable est une chose à laquelle on ne porte pas l'attention qu'elle mérite, car, selon la position des portes et des ouvertures, selon les matériaux employés à sa construction, une écurie est saine ou malsaine, et devient, dans ce dernier cas, une cause permanente de maladies, et un très-grand danger en cas d'épizootie.

Pour qu'une écurie soit dans de bonnes conditions sanitaires, il faut :

1° Employer le *moins de bois possible dans sa construction, nous dirons plus loin pourquoi ;*

2° L'établir sur un terrain sec ;

3° Paver le sol en briques dures, placées sur champ et reliées entre elles par du ciment romain, ou bien encore se servir d'un béton préparé avec de petits silex ronds (dits pierres à fusil), et du ciment romain ;

4° En élever le sol de 20 à 25 cent. au-dessus du sol environnant, et lui donner une légère inclinaison pour faciliter l'écoulement des urines au moyen d'une petite rigole qui sera lavée à grande eau tous les jours ;

5° Lui donner une hauteur intérieure de 5 mètres au moins, et une profondeur de 6 mètres environ (1) ;

6° Placer les portes et les ouvertures principales en face du sud-est ;

7° Donner aux portes une largeur et une hauteur suffisantes pour empêcher les animaux de se blesser aux hanches et à la tête, en sortant ou en rentrant à l'écurie ;

8° Placer les ouvertures destinées à l'aération de manière à y faire pénétrer à volonté le vent du nord en été, et en hiver le vent du sud, et assez élevées pour que les courants d'air ne viennent pas frapper directement les animaux : car la lumière du jour est aussi nécessaire aux animaux qu'à l'homme, et, indépendamment de la gaîté qu'elle leur inspire, elle contribue à leur santé ;

---

(1) Les auteurs ne veulent qu'une hauteur de quatre mètres au plus. Ils prétendent qu'une élévation plus grande rendrait l'écurie trop froide. Nous ne pensons pas que, dans une écurie qui aurait cinq mètres de hauteur, la température soit sensiblement plus basse que dans une écurie qui n'aurait que quatre mètres d'élévation, surtout avec des ouvertures et une ventilation bien entendue.

Mais nous croyons, au contraire, que les animaux *n'ont jamais trop d'air respirable*, et que c'est à la rareté de cet air, que l'on rencontre toujours dans des écuries basses, étroites et tenues imprudemment closes, qu'il faut attribuer la plupart de ces maladies de poitrine dont sont si fréquemment atteints les chevaux.

9° Disposer dans les parties latérales du plafond des ventilateurs ou cheminées d'appel qui, combinés avec des ouvertures pratiquées dans la partie inférieure *du mur opposé* à celui où seront attachés les chevaux, donneront passage aux exhalaisons miasmatiques et renouvelleront sans cesse l'air respirable ;

10° Ne jamais boucher *complétement, même pendant les froids rigoureux*, toutes les ouvertures, comme on a souvent la mauvaise habitude de le faire (1).

11° Y faire au contraire pénétrer l'air, *mais avec précaution ;* on choisit le moment où les chevaux ne sont pas à l'écurie ;

12° Maintenir en hiver la température à 15 ou 20 degrés au plus (un thermomètre est un instrument indispensable dans une écurie bien tenue) ;

13° Ne pas enlever souvent les fumiers, ainsi que le recommandent à tort des hygiénistes ; les laisser au con-

---

(1) Il y a des cultivateurs qui s'imaginent qu'en fermant hermétiquement une écurie pendant les journées froides de l'hiver, ils garantissent leurs animaux contre les fluxions de poitrine.

C'est là une très-grande erreur.

D'abord, en agissant ainsi, ils concentrent les gaz ammoniacaux et carboniques produits par la décomposition des urines et l'expiration, et ils exposent les animaux à des maladies d'yeux et des organes respiratoires.

Ensuite *ils rendent, au contraire, plus certain et plus imminent le danger qu'ils veulent éloigner.*

Ceci est facile à comprendre.

Un cheval est renfermé pendant sept à huit heures dans une écurie hermétiquement close, et où la température est de 20 à 25 degrés : ce cheval est évidemment dans un état de transpiration plus ou moins grand.

Si, au dehors, la température est de 5 degrés au-dessous de zéro, l'animal, en sortant de l'écurie, se trouve brusquement exposé à un changement considérable de température : il est, comme on le voit, placé dans la meilleure condition possible pour contracter une maladie de poitrine.

traire *pendant 6 à 8 jours en été*, et en hiver, pendant 12 à 15, en ayant soin toutefois de faire enlever sans cesse le crottin, et de recouvrir, — chaque jour, — d'un peu de litière fraîche celle de la veille (1) ;]

15° Chaque année et au printemps, blanchir au lait de chaux, non pas seulement les murs, mais *principalement* tous les bois qui entrent dans sa construction intérieure (2) ;

16° Donner à chaque cheval un espace de 1 mètre 50 cent. au moins en largeur ;

17° Eloigner la cohabitation des ruminants, et surtout des porcs, comme malsaine pour les chevaux ;

18° Eloigner également les poules, car une plume tombée dans l'avoine et avalée par un cheval peut lui causer une toux fatigante ;

19° Accumuler les fumiers dans des fosses pratiquées

---

(1) Il y a des hygiénistes qui non-seulement recommandent d'enlever souvent le fumier pendant les chaleurs, mais qui recommandent encore de *retirer complétement les litières pendant le jour.*

Cette précaution, font-ils observer, a pour but d'éviter la décomposition des urines, et partant un trop grand dégagement de gaz ammoniacal.

Mais, disent les vétérinaires de l'armée, cette méthode est deux fois mauvaise : d'abord, parce que les pieds du cheval se trouvent fort mal à l'aise sur un pavé nu, et ensuite, parce que dans une écurie privée *complétement* de litière et où se trouve surtout un grand nombre de chevaux, *l'atmosphère est, au contraire, promptement saturée de gaz ammoniacal,* surtout pendant les grandes chaleurs, tandis que dans une écurie où les litières seront conservées, l'air n'en contiendra que de très-petites quantités.

La raison de ceci est que les litières, en absorbant les urines, les soustraient au contact immédiat de l'air et s'opposent à leur décomposition.

Rien n'est brutal comme un fait, et celui-ci est facile à vérifier.

Nous tenons ces renseignements utiles d'un de nos médecins vétérinaires les plus distingués, M. Gillet, membre du conseil d'hygiène attaché au ministère de la guerre.

(2) Des auteurs très-estimés, qui ont écrit sur l'hygiène vétérinaire, ont

dans les cours ou dans le voisinage des écuries, y faire arriver les urines, — *ainsi que cela se pratique dans bien des fermes,* — cela peut être une méthode économique de faire d'excellent fumier, mais à coup sûr, c'est créer pour les animaux et pour les habitants un foyer permanent d'infection.

Nous conseillerons aux cultivateurs d'établir leurs fosses à fumier à une centaine de mètres de leurs écuries, et de les placer à l'est ou au nord, car les vents d'ouest et du sud, chargés de vapeurs miasmatiques, sont les plus malsains ;

20° Pendant les grandes chaleurs, intercepter les rayons du soleil au moyen d'un châssis garni d'une toile légère et appliqué sur les ouvertures qui regardent le sud, en même temps arroser le sol deux fois par jour, comme on le pratique dans les casernes; l'eau, en se vaporisant, abaissera la température et rafraîchira les animaux ;

---

bien recommandé de blanchir tous les ans, au lait de chaux, *les murs* des écuries et des étables, afin de les assainir; mais ils ont oublié l'essentiel : ils ont oublié de comprendre dans leur recommandation les *parties boisées,* et c'est là surtout que sont les dangers qu'ils veulent prévenir.

Je vais essayer de prouver ce que j'avance.

Les miasmes délétères qui, par la respiration des animaux et la décomposition de leurs excréments, prennent naissance dans les étables et les écuries, se composent du gaz hydrogène sulfuré, du gaz acide carbonique et des gaz ammoniacaux. Ces gaz, en touchant les murs, y rencontrent des sels de chaux, avec lesquels ils se combinent et qui leur font perdre leurs propriétés toxiques.

Il n'en est pas de même des bois qui, par l'absence d'agents décomposants et par leur nature poreuse, absorbent ces gaz et s'en saturent.

Or, en été, ces gaz, chassés, par la chaleur, des cellules où ils se trouvent accumulés, se répandent dans l'atmosphère de l'étable, incommodent les animaux et peuvent devenir un aliment terrible pour les maladies épizootiques.

Ne serait-ce pas là une des causes occultes de ces dernières maladies ?.....

Nous soumettons aux hygiénistes ces réflexions.

21° Poser le râtelier de manière que la partie supérieure soit distante du mur de 50 cent. et la partie inférieure de 8 centimètres;

22° Placer la mangeoire à 1 mètre du sol, lui donner une largeur intérieure de 35 cent. Une mangeoire en pierre dure et polie, et dont les angles sont bien arrondis, est de beaucoup préférable à une mangeoire en bois. La mangeoire doit être nettoyée avant chaque repas, et lavée à plusieurs eaux tous les jours;

23° La fourche à relever la litière doit toujours *être en bois*; pour s'être servi de fourches en fer, des domestiques maladroits ont plus d'une fois estropié des animaux.

Étables. — Les mêmes mesures sanitaires dont nous avons parlé au sujet *des écuries* trouvent également ici leur application.

Le bœuf doit occuper, en *largeur*, un espace de un mètre soixante centimètres, et le mouton, une surface carrée d'un mètre.

Étangs et mares. — Par la décomposition des nombreux débris d'animaux et de végétaux qu'ils contiennent, il se dégage, surtout en été, des étangs et des mares, des vapeurs miasmatiques toujours nuisibles à la santé des animaux.

Pour rendre leur voisinage moins dangereux, il faut boucher toutes les ouvertures pratiquées dans le mur qui leur fait face, et en ouvrir d'autres sur les côtés opposés, afin que les miasmes apportés par le vent passent à côté des étables sans y pénétrer.

S'il règne une épidémie, éloigner le bétail.

Ferrure des chevaux d'agriculture. — En voici les préceptes puisés dans l'excellent *Manuel de l'éleveur de chevaux*, par M. Villeroy:

Parer et soigner les pieds des poulains pour leur conserver une bonne forme;

Ferrer les poulains avec des fers légers, sans crampons, dès *qu'on s'aperçoit que leur sabot souffre;*

Entretenir les pieds des chevaux en les graissant une fois par semaine ;

Ne pas laisser les fers plus de quatre à cinq semaines sans les relever ou les renouveler ;

Surveiller le maréchal pour qu'il détache les vieux fers avec précaution et sans arracher des éclats de corne ;

Ne lui laisser que très-peu parer la sole et la fourchette, et ne pas souffrir qu'il creuse les talons.

Prendre la mesure du pied et choisir des fers qui aient des dimensions convenables;

Ne brûler qu'autant qu'il est nécessaire pour reconnaître les parties du pied qui sont encore trop hautes ; unir avec la râpe et de manière que le fer s'applique exactement partout ;

Ne jamais râper le sabot plus haut que les rivets ;

Ferrer toujours en même temps les deux pieds de devant ou de derrière.

Falsification ou altération de médicaments. — Dans une note que j'adressais, en 1849, au conseil de santé de l'armée, se trouve le dilemme suivant :

« Si un bon médicament peut, dans un cas donné, « sauver la vie à un cheval, il faut nécessairement, ri-« goureusement admettre qu'un médicament altéré ou « falsifié peut produire un résultat contraire... » Et j'ajoutais : « Ne serait-ce pas là une de ces causes encore « inconnues de mortalité qui ont échappé jusqu'ici aux « investigations des commissions sanitaires?... et s'il

« n'appartient qu'à Dieu seul de savoir tout ce qui se
« passe dans le mystérieux laboratoire de la vie ?...
« Ne pouvons-nous, par induction du moins, conclure
« ici affirmativement ?... »

Depuis cette époque, mon opinion n'a pas changé,
et je pense qu'un médicament doit être, comme un
aliment, l'objet d'une surveillance toute particulière de
la part des vétérinaires, s'ils ne veulent pas que l'injus-
tice mette sur leur compte des insuccès dont ils seraient
innocents et qui ne seraient dus qu'à l'emploi de médicaments *altérés ou falsifiés*.

Il est très-difficile, sinon impossible, de reconnaître
le plus grand nombre des falsifications.

Nous regrettons de ne pouvoir indiquer aux cultivateurs qu'un nombre très-restreint de moyens propres à
reconnaître la falsification d'un médicament.

Nous l'avons dit ailleurs : dans leur intérêt, nous les
engageons, autant que possible, à préparer eux-mêmes
les médicaments ; c'est dans ce but que nous donnons
dans ce livre les formules de ceux qui sont le plus fréquemment employés (V. *Pharmacopée*).

Falsification de l'onguent mercuriel double.
—Cet onguent doit contenir partie égale de mercure et
d'axonge (graisse de porc).

Les falsificateurs *les plus honnêtes* ou *les moins ha-
biles* trichent sur le poids du mercure : c'est la fraude
la plus commune.

D'autres sont plus forts : ils ont trouvé le moyen de
faire de l'onguent mercuriel *sans mercure :* pour remplacer ici ce métal, ils n'ont que l'embarras du choix : ...
*la plombagine, l'ardoise pilée, le péroxyde de manganèse,
le noir de fumée,* etc.

Moyens de reconnaître cette falsification. — Si l'on jette une portion d'onguent mercuriel dans un mélange *refroidi* fait avec quatre petits verres d'acide sulfurique à 66° et un petit verre d'eau, cet onguent *tombera au fond du vase,* s'il est bien préparé, c'est-à-dire s'il contient la quantité de mercure indiquée plus haut ;

S'il reste suspendu dans le liquide, on pourra être fixé approximativement sur la quantité de mercure frauduleusement supprimée, *selon le point plus ou moins élevé qu'il occupera.*

Quant à la falsification par *la plombagine*, *l'ardoise pilée,* etc.,... voici les moyens de la reconnaître :

Mettre dans une cuillère de fer un peu de l'onguent à essayer : chauffer au rouge : l'axonge brûlera, le mercure se volatilisera, et la matière qui aura servi à la falsification formera au fond de la cuillère un résidu.

Falsification de l'onguent populeum. — Les plantes narcotiques qui entrent dans sa composition sont toujours, relativement aux autres plantes, d'un prix plus élevé, ou bien, dans l'arrière-saison, elles sont rares ou manquent tout à fait.

Mais un falsificateur n'est pas embarrassé pour si peu !... *les épinards* ne poussent-ils pas en toute saison ?... n'y a-t-il pas toujours de l'herbe dans les champs ?...

Avec ces ingrédients, mon industriel vous fait un onguent populeum factice qui, par l'aspect et la couleur, ne le cède en rien à un onguent véritable !... Quant à la chose essentielle, c'est-à-dire à la vertu du médicament, ce n'est pas son affaire, mais bien celle de Dieu,

Dont la bonté s'étend sur toute la nature.

L'odorat seul peut faire découvrir cette fraude.

Le véritable onguent populeum a l'odeur *vireuse* de la jusquiame verte que l'on écrase sous les doigts.

Dans le faux onguent, l'odorat perçoit l'*odeur fade de la graisse* que ne masque jamais entièrement l'arôme résineux du bourgeon de peuplier,... si toutefois cet ingrédient n'a pas eu le sort des plantes narcotiques,... s'il n'a pas été supprimé aussi !...

L'onguent populeum se falsifie d'une autre manière encore : on colore tout simplement l'axonge avec un mélange d'indigo et du curcuma (1).

La fraude se reconnaît ici à la couleur verte que communique à l'eau une portion d'onguent mise pendant quelques heures en contact avec elle.

Médicaments (conservation des). — Les renfermer dans des vases bien bouchés, qui seront placés à l'abri du soleil et dans un lieu sec.

Si, malgré toutes les précautions prises, on s'aperçoit qu'un médicament est altéré, il faut bien se garder de l'employer. Un onguent n'est pas même excepté de cette règle générale : car, par exemple, un onguent populeum détérioré et mis sur une plaie l'irriterait, au lieu de l'adoucir.

Un poison n'a pas besoin d'être avalé pour tuer ; il suffit pour cela de le mettre en contact avec une membrane muqueuse ou une plaie.

Les médicaments externes doivent donc être, tout aussi bien que les médicaments internes, l'objet d'une attention particulière.

---

(1) **Le** mélange du jaune et du bleu donne lieu, comme on sait, à une belle couleur verte.

Nourriture. — D'une nourriture bien prise, bien appropriée aux habitudes et aux travaux d'un animal, dépendent sa santé, sa force, son utilité (1).

Des vétérinaires recommandent de ne pas donner les foins d'automne, — *qui n'ont pas encore jeté tout leur feu,* — car, selon eux, ils donnent le vertige abdominal.

Mais, d'après des expériences nombreuses faites par les vétérinaires de l'armée, il résulterait, au contraire, que les chevaux se trouvent très-bien de ces foins, *pris, bien entendu, en quantités modérées :* car il est clair que, si on leur en donnait à discrétion, leur appétit étant excité par un aliment qui flatte leur goût, ils en prendraient outre mesure et se donneraient des indigestions.

Guidé par ses observations personnelles, le cultivateur choisira entre ces deux opinions.

Vanner l'avoine, secouer le foin pour en séparer la poussière avant de les donner aux animaux, est une bonne habitude qu'il ne faut jamais négliger, si l'on veut leur éviter des toux d'irritation toujours très-fatigantes et souvent très-fâcheuses.

Point de santé chez l'animal sans de bonne digestion!... Cet aphorisme devrait être écrit sur toutes les portes d'écuries, afin que les domestiques auxquels sont confiés les animaux n'oublient pas :

1° Qu'il ne faut jamais soumettre un cheval à un tra-

---

(1) Voici, à ce sujet, le résultat d'expériences sérieuses faites sur des moutons :

Nourriture abondante et grossière.. . . . Laine dure, inégale.
Nourriture insuffisante. . . . . Laine fine, mais sans force.
Nourriture bonne et sagement réglée. . . Laine fine, souple, douce et tenace

Rien n'est plus éloquent qu'un fait !...

vail pénible *immédiatement* après le repas, mais qu'il faut mettre au moins deux heures d'intervalle entre le repas et le travail ;

2° Que la ration du soir doit être plus copieuse que celle du matin, car, en raison du repos du soir et de la nuit, la première, mieux digérée, devient plus profitable.

L'orge du matin, dit l'Arabe, passe dans le fumier ; celle du soir se retrouve dans la croupe du cheval !...

3° Qu'il faut proportionner toujours la nourriture au travail, — mais dans de justes limites, — car *bourrer les chevaux de nourriture*, comme on le fait quelquefois, parce qu'ils vont être soumis à un travail extraordinaire, est une habitude qui a ses dangers et d'où il résulte souvent des coliques et des indigestions, etc.

Pendant les grandes chaleurs, supprimer, de temps à autre, l'avoine, pour la remplacer par un mélange de son et de farine d'orge bien mouillé ; on ajoute, le soir, un barbotage à la ration. Donner plus de paille que de foin, et y ajouter du vert, s'il est possible.

Le contraire devra nécessairement avoir lieu pendant les grands froids où une nourriture fortifiante est indispensable.

Si un cheval a de la toux :... mouiller légèrement son foin et son avoine, et, *dans ce cas*, ne lui donner ni menue paille, ni foin coupé qui, irritant la gorge, aggraverait la maladie.

C'est pendant la convalescence que la nourriture d'un cheval doit surtout être l'objet d'une grande attention (V. *Convalescence*).

Dans les administrations des omnibus de Londres, on a substitué, à la paille et au foin entiers dont la plus grande partie se perd dans la litière, et à l'avoine en grains dont une quantité plus ou moins grande passe dans l'intestin sans être digérée, la paille et le foin hachés et l'avoine concassée dans les proportions suivantes : trois cinquièmes d'avoine concassée, un cinquième de foin et un cinquième de paille.

Sous l'influence de cette nourriture, on a trouvé une économie de vingt-cinq à trente pour cent, et une diminution de douze pour cent dans la mortalité.

Ces faits sont dignes de toute l'attention des cultivateurs.

Pansage. — Examinez un cheval rentrant à l'écurie au retour d'une course, les jambes et le corps couverts de poussière et de boue..... Vous lui trouverez un air triste, abattu!... Regardez-le ensuite après un bon pansage,... et vous remarquerez en lui un changement heureux..... La tristesse aura fait place à la gaîté et la vigueur à l'abattement.

Ceci prouve que le pansage est pour le cheval, comme pour tous les animaux, ce que sont pour nous des soins de propreté, c'est-à-dire une volupté qui donne au corps du ton et de la force, en un mot, la santé.

En été, panser le cheval deux fois par jour et en plein air, surtout s'il est en sueur, car l'atmosphère chaude de l'écurie, en augmentant la transpiration, affaiblirait ses forces.

Défendre à un domestique de laver *à l'eau froide* les jambes d'un cheval et encore moins de le faire baigner au retour d'une course et s'il est en sueur : car des affections graves pourraient être les suites de cette pernicieuse habitude.

Attendre, pour le laver et le baigner, que la transpiration ait repris son état normal.

Lui tenir les pieds toujours propres : cette précaution délasse singulièrement l'animal. Couvrir d'un corps gras les sabots, s'ils sont secs, fragiles et échauffés.

Examiner souvent les talons qui, chez certains chevaux, se fendillent facilement : remédier à cet inconvénient (V. *Maladies du pied*).

Au commencement de l'hiver, le cheval change de poil : sa peau est sensible à l'étrille et au froid : substituer alors la brosse à l'étrille, et prendre, plus qu'à aucune époque de l'année, des précautions contre le froid et la pluie.

Faire usage alors de couvertures légères et de fréquentes frictions sèches sur les jambes.

Ne pas panser le cheval pendant qu'il mange, car on l'irrite et il avale alors les aliments sans les broyer. On l'expose ainsi à une mauvaise digestion.

Pâture par la rosée et les temps de pluie. — Comme elle donne surtout à la race ovine la maladie appelée tympanite ou météorisation, il sera prudent de prévenir cette maladie en laissant les animaux à la nourriture de l'étable pendant les temps de pluie et de rosée.

Précautions à prendre par les personnes chargées du dépècement des animaux. — Nous l'avons dit ailleurs, et nous ne saurions trop le redire, il suffit d'une simple écorchure aux doigts, *une envie*, pour faire contractèr la pustule maligne à celui qui dépècerait ou dépouillerait un animal mort d'une maladie contagieuse.

On cite même des cas où des personnes ont trouvé la mort pour *avoir seulement touché* des chairs de moutons morts de la maladie charbonneuse appelée *sang de rate*.

En présence d'un aussi terrible accident, on ne saurait donc prendre trop de précautions.

Précautions à prendre avant le dépècement. — Plonger pendant quelques secondes les deux mains dans de l'eau fortement vinaigrée (une partie de vinaigre sur quatre d'eau).

Si l'on éprouve une cuisson, *quelque légère* qu'elle soit, IL FAUT S'ABSTENIR.

Dans le cas contraire, on pourra se livrer à l'opération en prenant le soin de ne pas se blesser.

Traitement en cas de blessure pendant l'opération. — Si l'opérateur se coupe ou se pique avec ses instruments, il faut *immédiatement* et sans PERDRE MÊME UNE SECONDE :

1° Faire avec de la ficelle une ligature fortement serrée *au-dessus* de la blessure, afin d'arrêter immédiatement la circulation du sang autour de la partie blessée et s'opposer ainsi à l'absorption du virus ;

2° Comprimer fortement, et en tous sens, la plaie pour en faire sortir le plus de sang possible ; l'élargir, si son ouverture était trop petite, pour donner issue au sang ;

3° Cautériser la plaie en y introduisant de l'eau ammoniacale à l'aide d'une petite seringue (une cuillerée d'ammoniaque sur trois cuillerées d'eau),

Ou mieux encore la cautériser profondément avec un fer rouge ;

4° La cautérisation faite, ôter la ligature et appliquer sur la plaie (1) une compresse imbibée d'huile, et un cataplasme, s'il survient de l'inflammation.

---

(1) Ne pas fermer la plaie à l'aide d'un sparadrap adhérent, comme on fait pour une plaie ordinaire; la laisser, au contraire suppurer.

Dans le cours de la première journée, boire deux verres d'eau dans chacun desquels on mettra dix à douze gouttes d'ammoniaque liquide.

Pendant les premiers jours qui suivront l'accident : nourriture légère peu abondante, bains, exercice modéré. Dans tous les cas, consulter un médecin le plus tôt possible.

Refroidissements subits. — La plupart des maladies n'ont pas d'autre cause qu'une transpiration brusquement supprimée.

Ceux donc qui aiment réellement leurs chevaux doivent prendre beaucoup de précautions à cet égard. Mais en route, on est parfois obligé de faire une halte et de laisser, — faute d'abri, — son cheval exposé au froid et à la pluie.

Dans ce cas, jeter sur le dos du cheval une couverture ou un manteau ; mais si, malgré cette précaution, un frisson se manifeste, ce qui est l'indice certain d'un commencement d'altération de sa santé, il faut alors immédiatement le bouchonner fortement sur le corps et les extrémités, et lui faire avaler un demi-litre de vin chaud sucré.

Sel marin, Sel de cuisine (Chlorure de sodium). — Le sel marin est tout à la fois un excellent condiment pour le bétail et un engrais précieux pour les terres.

Pour l'animal, il favorise l'assimilation, augmente ses forces, donne à sa chair une saveur agréable ; à son tissu graisseux, de la fermeté ; au lait, plus de goût ; à la laine, plus de finesse, de brillant et de solidité, enfin, par son action bienfaisante sur l'économie, le sel marin est pour le cultivateur un des plus précieux dons de la Providence, et il serait pour lui une source de richesses *nouvelles*, si le fisc n'en avait fait une chose si dispendieuse pour lui.

La loi de 1848 en a bien, il est vrai, réduit l'impôt à 10 fr. les cent kilogrammes, de 50 fr. qu'ils étaient auparavant !...

C'est beaucoup, sans doute, mais ce n'est pas assez.

Le gouvernement qui abolira complétement cet impôt et rendra libre l'exploitation des salines prendra là une mesure des plus populaires, augmentera, dans des proportions incalculables, les richesses de la France, et méritera la reconnaissance des agriculteurs.

Sel marin comme condiment. — Voici, selon M. Barral, les proportions du sel à donner aux animaux comme condiment : on le donne toujours mélangé aux aliments :

Bœuf.	30 à 115 grammes par jour.
Porc.	6 à 16 —
Cheval.	75 à 185 —
Mouton.	5 à 7 —

Voici maintenant les proportions recommandées par l'administration dans ses circulaires :

Bœuf de travail. . . .	60 grammes par jour.
Vache laitière.	60 —
Bœuf d'engrais. . . .	80 à 150 —
Veau d'un an.	30 à 40 —
Porc d'engrais.. . . .	30 à 60 —
Cheval et mulet. . . .	30 —
Mouton.	1 1/2 à 2 —

Sel marin comme engrais. — Ceci n'appartient pas au cadre de notre travail : disons seulement, en passant, ce que d'ailleurs tout le monde sait aussi bien que nous, c'est-à-dire que c'est au sel marin que sont dus l'abondance des pâturages des bords de la mer et les qualités si précieuses des fourrages des prés salés.

Soins hygiéniques et alimentaires pour élever les jeunes chiens. — A peine sevrés, et dès l'âge de cinq à six semaines, on a la mauvaise habitude de donner aux jeunes chiens une pâtée de pain et de viande, dans laquelle on fait entrer des graisses de bœuf ou de porc.

Plus la pâtée est grasse, meilleure elle est, dit la ménagère, qui ne sait pas que, même pour les estomacs les plus robustes, les corps gras sont de très-difficile digestion, et qu'ils doivent être bien plus péniblement digérés encore par de jeunes animaux, chez lésquels l'appareil digestif est loin d'avoir acquis toutes ses forces.

Mais une habitude non moins funeste, c'est de les laisser se gorger de nourriture.

En général, les jeunes animaux sont voraces et mangent gloutonnement : or, si on les laisse se repaître à satiété, la nourriture surabondante qu'ils prennent, et ensuite les gaz qu'elle produit en d'autant plus grande quantité que la digestion est plus pénible, pèsent sur les parois intérieures des organes digestifs, les dilatent plus ou moins fortement, les irritent et finissent par y déterminer des maladies inflammatoires.

C'est là assurément la cause principale de la mortalité chez les jeunes chiens.

Voici une méthode qui nous a toujours réussi :

Supprimer la pâtée pendant les six premiers mois;

La remplacer par l'alimentation suivante :

Pendant le premier mois qui suit le sevrage : le matin, un peu de lait coupé avec de l'eau d'orge; à midi et le soir, du pain rassis imbibé de bouillon *autant que possible dégraissé.*

Le deuxième mois jusqu'au sixième supprimer le lait; le remplacer par du pain imbibé de bouillon ; de temps en temps quelques boulettes faites avec trois quarts de mie de pain et un quart de viande hachée ; substituer de temps à autre au pain de froment le pain de seigle, qui est rafraîchissant. Vers le sixième mois, l'animal est assez fort pour être mis à l'usage de la pâtée à laquelle on donne une consistance suffisante pour faire des bou-'ettes qu'on lui fait manger l'une après l'autre. Ce n'est que vers le treizième mois qu'on peut laisser prendre à l'animal sa nourriture à volonté et l'abandonner à lui-même, sans négliger les soins de propreté qui contribuent plus qu'on ne pense à la conservation de sa santé.

Si l'animal venait à perdre son appétit, lui donner le matin, à jeun, 30 à 60 grammes de sirop de Nerprun, suivant l'âge et la force.

Faisons observer en passant qu'on abuse quelquefois des purgatifs!... C'est là un tort : car les jeunes chiens ont des organes digestifs très-impressionnables, et on oublie que les purgatifs sont des irritants!...

Si après une ou deux purgations données à trois jours d'intervalle, l'appétit ne revenait pas assez promptement, on pourrait le stimuler avec une cuillerée à bouche, donnée le matin, du mélange suivant :

Eau. . . . . 125 grammes.
Teinture de gentiane.. 30
Teinture de quina. 15

En cas de constipation, faire avaler deux ou trois cuillerées d'huile d'olive et donner le lavement suivant, que l'on répétera au besoin plusieurs fois :

Eau. . . . . 125 grammes.
Miel commun. 30

En cas de diarrhée, faire usage du lavement suivant :

Eau de graine de lin. . . . . 125 grammes.
Amidon. 15
Laudanum de Sydenham. . . . . . . 6 à 8 gouttes.

Observations. Les lavements à petite dose ont l'avantage d'être gardés par l'animal et conséquemment d'atteindre le but qu'on se propose en les lui donnant ; les lavements à trop fortes doses produisent un effet contraire, ils distendent souvent douloureusement le rectum, qui réagit alors sur eux et les expulse.

Il faut aussi avoir soin de peigner de temps en temps l'animal pour le débarrasser des puces qui le tourmenteraient et qui finiraient même par l'affaiblir, si on laissait pulluler sur lui ces animaux suceurs. En été, quelques bains de dix minutes seulement. Le laisser autant que possible en liberté.

Lui faire prendre de l'exercice en plein air : le promener de préférence dans les endroits où croît le chiendent, car cette graminée est comme un remède qui lui est révélé ! C'est en effet pour lui le meilleur des purgatifs que par instinct il sait prendre quand il en a besoin.

Maintenant, un conseil au chasseur qui, ne pouvant avoir avec lui son chien, est obligé de le confier à un garde.

« Si vous voulez,—lui dirons-nous,—que le pelage de votre chien soit brillant, ce qui est un signe de force et de santé ; si vous tenez à ce que l'odeur fétide qui s'exhale de sa gueule, de son corps même tout entier, ne vous infecte pas..... alors ne marchandez pas sur le prix de sa nourriture, mais défendez bien qu'on y mêle, même un atome, de ces exécrables résidus de suif pourri qu'on appelle *cretons*, et qui donnent aux chiens, non-seulement une haleine repoussante, mais encore le *roux-vieux*, des dartres et toutes ces sales et puantes maladies de la peau. »

Tonte des chevaux. — Des hygiénistes recommandent de s'abstenir de la tonte, et ils s'appuient sur cette opinion que, si la nature, en bonne mère, a donné au cheval un poil d'hiver, c'est assurément pour le garantir du froid et le soustraire à tous ses inconvénients.

D'autres, au contraire, prétendent que cette opération est très-favorable au cheval, et nous sommes de leur avis.

Voici leurs raisons, qui nous paraissent péremptoires :

La peau étant le siége de sécrétions continuelles, ayant pour objet d'entraîner au dehors des matières inutiles et même dangereuses, si elles restent dans l'économie, il est donc nécessaire d'entretenir constamment ces importantes fonctions et de maintenir entre les sécrétions internes et externes un équilibre sans lequel la santé ne peut exister.

Non-seulement l'expérience a prouvé de quelle importance était le maintien en activité des fonctions cutanées, mais elle a prouvé aussi que, si ces dernières ne pouvaient être supprimées, ni même diminuées sans danger, il ne fallait pas non plus qu'elles fussent trop abondantes, parce qu'alors elles affaiblissaient les animaux et les rendaient par conséquent plus sensibles aux causes morbifiques dont ils sont constamment entourés.

Les exciter chez les uns, les modérer chez les autres, et les tenir constamment dans un état convenable... Tel est le but auquel doit tendre sans cesse le vétérinaire hygiéniste.

A cet effet, la tonte est le moyen le plus puissant qu'il ait en son pouvoir. Aussi est-elle mise en usage dans beaucoup de contrées, et notamment dans le Midi, où elle est connue de temps immémorial et pratiquée, non pas, comme le pensent quelques personnes, dans le but de rendre le pansage plus facile, mais bien dans l'intention d'éviter des accidents et de procurer aux animaüx un soulagement rendu plus sensible pour quiconque veut se donner la peine d'observer. Pour ceux-ci, il n'est pas douteux que la tonte ne soit favorable à tous les chevaux, *les malades exceptés*, et qu'elle ne soit surtout d'une très-grande utilité quand elle est pratiquée sur des animaux mous, peu énergiques, transpirant facilement et dont les poils sont longs, touffus, serrés et comme feutrés.

Manière de faire la tonte. Soulever les poils à l'aide d'un peigne en laiton, les couper avec des ciseaux légèrement courbes ; brûler, avec une étoupe imbibée d'alcool et fixée à une baguette, les poils échappés à l'action des ciseaux ; couvrir les animaux pendant les cinq à six jours qui suivent la tonte.

Époque où elle doit se faire. En septembre et octobre, c'est-à-dire à l'époque où le poil d'hiver commence à se montrer.

Nous tenons les détails qui précèdent de l'obligeance de M. Gillet, médecin principal vétérinaire, attaché au conseil d'hygiène du ministère de la guerre.

Travail. — Dans de justes limites, le travail est un exercice utile à la santé ;

Mal distribué, il devient une fatigue et une cause de maladies nombreuses.

Le problème à résoudre est simple et n'exige que du bon sens pour en faire l'application.

Le voici, il saute aux yeux :

Approprier le travail aux aptitudes des animaux ;

Ne donner aux bêtes de charge qu'un poids en rapport avec leurs forces ;

N'exiger du cheval de course qu'une vitesse en raison inverse du poids qu'il porte, et, du cheval de trait, qu'une traction proportionnée à ses forces ;

Diminuer la durée du travail de nuit, qui est plus fatigant que celui du jour, ainsi que celle du travail au soleil ardent ;

Ne pas exiger une grande vitesse d'un animal qui vient de manger ou de boire ;

Le bouchonner fortement après un travail pénible ;

Ne pas l'exposer à un courant d'air, s'il est en sueur ;

Ne lui donner à boire et à manger qu'après le pansage (V. *Pansage*).

Vacherie. — Il paraît que les vaches qui vivent dans une étable chaude et humide donnent plus de lait que celles qui habitent dans un local sec et bien aéré.

Le préjugé calcule toujours mal, dit *M. Parmentier :* il est vrai qu'une vache, dans une étable chaude, a plus de lait que si elle était exposée au froid, mais, *pour un peu de lait de plus, faut-il risquer de perdre la bête qui meurt souvent étouffée,* mais *toujours phthisique ?...*

La question, dit *M. Magne,* est donc de savoir s'il y a plus d'avantages à avoir des vaches productives, mais peu robustes, que des vaches fortes, vivant longtemps, mais donnant moins de produits.

Vache à lait. — Les foins, les pailles, et en général les fourrages secs, nourrissent mal la vache laitière : ils la constipent, et ils ont une action défavorable sur le lait. Pour qu'ils produisent de bons effets, il faut les mêler aux fourrages verts;

Varier la nourriture, et ne pas se borner au même aliment, qui finirait par dégoûter l'animal et diminuer la sécrétion du lait !

Nourriture d'été : les fanes vertes de vesces, de seigle, de luzerne, de sainfoin, de trèfle, de millet, de maïs, etc.

Nourriture d'hiver : les regains et pailles d'avoine, les mêmes pailles, les cosses des légumineuses, les siliques de colza et les racines.

Ces derniers aliments doivent être ramollis par l'eau avant de les donner.

Des soupes faites avec les *eaux grasses*, des pommes de terre, des topinambours, des panais, des courges, des choux, les résidus de petit-lait, le lait de beurre, les tourteaux de colza. Quant aux boissons, elles doivent être données à discrétion.

Plantes qui activent la sécrétion du lait :

La spergule.	Le trèfle rampant.	La bistorte.
L'aspérule odorante.	Le sainfoin de montagne.	

Substances qui diminuent la sécrétion du lait :

L'ellébore.	Le staphysaigre.	La morelle noire.
Le colchique.	Les renoncules.	Les champignons vénéneux.
L'aconit.	Les euphorbes.	Les fourrages altérés.

Le pansage est un bienfait pour la vache laitière (V. *Pansage*).

Tout ce que nous venons de dire sur la vache laitière a été extrait d'un excellent ouvrage, l'*Hygiène vétérinaire*, de M. Magne, professeur à l'Ecole d'Alfort.

Vaches qui se tètent. — Attacher la vache de manière qu'elle ne puisse atteindre son pis, sans toutefois que les liens l'empêchent de se coucher et gênent en rien les mouvements du corps.

Une nourriture abondante et bien distribuée fera très-probablement perdre cette habitude à la jeune vache.

CHAPITRE II.

Maladies générales.

————

Asphyxie. — L'asphyxie est le résultat de l'interception de l'air dans les poumons.

Elle a pour causes : des gaz délétères, la fumée des incendies, l'action d'une chaleur extrême, une abondante poussière soulevée par le vent, un air vicié par la réunion d'un trop grand nombre d'animaux dans une écurie trop petite ; l'angine peut parfois aussi produire l'asphyxie.

Les ruminants, pendant le développement de la météorisation, sont particulièrement exposés à cette sorte d'accident.

Traitement : Débarrasser les animaux de tout harnais pouvant gêner la respiration, les transporter au milieu d'un air pur ;

Pratiquer une large saignée.

Dans le cas d'asphyxie par la chaleur, quelques praticiens préfèrent deux ou trois petites saignées faites à deux heures d'intervalle ;

Lotions d'eau vinaigrée sur la tête, remplir à plusieurs reprises la bouche de cette eau vinaigrée et l'injecter dans les naseaux ;

Frictions sur les membres et la colonne vertébrale avec un bouchon de paille imbibé d'eau salée.

Si l'animal revient à lui et que l'asphyxie se dissipe, faire usage d'un lavement émollient, et ensuite du lavement purgatif suivant :

Follicules de séné. . . . . 80 grammes.
Sel de cuisine. 100
Eau bouillante. . . . . 1 litre.

Faire infuser pendant une demie-heure, passer à travers un linge, et ajouter :

Miel commun. . . . . 200 grammes.

Pour boisson, de l'eau légèrement vinaigrée, du cidre ou du vin blanc mêlés à trois quarts de leur poids d'eau.

L'asphyxie complétement dissipée, l'animal retrouvera des forces dans le breuvage suivant :

Acétate d'ammoniaque. . . . . . . 60 grammes.
Vin blanc. 300
Eau. . . . . 2 litres.

Mêler et donner à froid.

L'animal ne sera remis à son régime et à ses travaux habituels que graduellement et avec ménagement.

Si la saignée et les lotions dont nous avons parlé plus haut étaient sans résultat, l'ouverture de la trachée serait indispensable, et alors il faudrait se hâter d'envoyer chercher le vétérinaire, sans cependant interrompre l'usage des moyens curatifs sus-énoncés.

Assoupissement. — Les chevaux qui ont une grosse tête, une forte ganache, et qui ont beaucoup d'embonpoint, sont très-sujets aux assoupissements dont la suite serait l'apoplexie, si, l'on n'y remédiait par de petites saignées faites de temps à autre.

Ne pas donner à ces chevaux une nourriture trop tonique.

Charbon, Anthrax. — Tumeur gangréneuse qui se manifeste dans la peau et le tissu cellulaire.

Tous les animaux domestiques, mais surtout les herbivores, y sont sujets.

Causes : Des travaux forcés, de mauvais aliments, des écuries ou des étables malsaines.

Symptômes : Le dégoût, la tristesse, l'abattement, l'agitation des flancs, la précèdent ; puis la tumeur apparaît, soit à la langue, soit au poitrail, sur l'encolure, soit enfin à la partie supérieure et interne de la cuisse, auprès des glandes inguinales.

Il n'y a point de traitement à prescrire.

Les phases de cette maladie sont si terribles et si promptes, qu'un cheval peut succomber dans les vingt-quatre heures.

Dès qu'apparaissent les premiers symptômes, il faut, sans perdre une minute, appeler le vétérinaire.

Épizootie. — Les causes de ces affections sont le plus souvent très-difficiles à reconnaître :

Cependant, on a remarqué que des chaleurs excessives, une sécheresse prolongée, une nourriture trop substantielle, pouvaient donner naissance à des maladies charbonneuses de la nature de celle appelée *sang de rate.*

Dans d'autres circonstances, au contraire, des pluies continuelles, une grande humidité, une disette de fourrages, des fourrages avariés, le voisinage de marais infects, de fosses à fumier, ont semblé devoir être considérés comme leurs causes essentielles.

S'il est le plus souvent impossible de s'opposer à l'invasion de ce fléau, il sera possible du moins au cultivateur prévoyant d'en atténuer les suites funestes en se servant des moyens que l'hygiène met à sa disposition.

S'il règne une épizootie et si, malgré toutes les précautions prises, un animal s'eh trouve atteint, il faut aussitôt l'isoler.

Il n'y a pas de traitement spécial à prescrire : il doit varier selon les symptômes de la maladie, et le vétérinaire peut seul le diriger.

Farcin. — C'est une inflammation des ganglions et des vaisseaux lymphatiques.

Maladie grave et dangereuse à laquelle les chevaux surtout sont sujets.

Causes : Une nourriture mauvaise, insuffisante, des travaux excessifs pendant les grandes chaleurs, des écuries ou étables malsaines, froides et humides ; des coups, des mauvais traitements, sont les causes les plus ordinaires du farcin.

Symptômes : Tumeurs, le plus souvent en chapelet, remplies d'un pus de mauvaise nature ; on les observe principalement le long des grosses veines superficielles ; la face, l'encolure et les articulations en sont fréquemment le siége.

Ces tumeurs, nommées *boutons de farcin,* finissent par se rompre et s'ulcérer.

Sous ces ulcérations, les tissus s'infiltrent et s'épaississent : si le mal siége aux extrémités, celles-ci s'engorgent considérablement, la marche devient pénible, l'animal boite !

Le traitement de cette terrible maladie offre trop de difficultés et de dangers en raison des médicaments toxiques qu'il exige pour que le cultivateur n'en confie pas la direction aux soins éclairés du vétérinaire.

Observation. Le farcin, ainsi que la morve, se transmet facilement à l'homme, qui se trouve alors fatalement voué à la mort, s'il en est atteint.

De très-grandes précautions doivent donc être prises pendant les pansements de cette dangereuse maladie.

Une précaution indispensable à prendre avant chaque pansement, c'est de tremper ses mains dans de l'eau fortement vinaigrée ; la douleur qui surgira, s'il existe au doigt des coupures ou des déchirures de l'épiderme appelées *envies,* préviendra du danger qu'il y aurait à s'approcher de l'animal farcineux.

Fièvres. — *Symptômes généraux :* Perte d'appétit, tristesse, langue sèche, poil hérissé, urine chargée ; mais le symptôme le plus sûr est l'état du pouls : si l'artère maxillaire, placée sous la mâchoire inférieure, donne plus de quarante-cinq pulsations par minute, la fièvre existe, et alors il faut tout de suite mettre l'animal à la diète, ne lui donner que des boissons tièdes, en attendant le vétérinaire qu'il faut faire immédiatement appeler, car les fièvres étant de différentes natures, demandent, pour être distinguées entre elles, des connaissances que ne peut avoir un cultivateur.

Dans le cas où l'absence du vétérinaire serait trop prolongée, et dans le cas où la fièvre augmenterait d'intensité, il faudra pratiquer une petite saignée afin de prévenir une inflammation dangereuse.

Fièvre aphteuse connue sous le nom de cocote. — Les causes de cette maladie contagieuse sont obscures.

Cette maladie, qui frappe surtout la race bovine, est

un grand fléau pour le cultivateur qu'elle prive du lait de ses vaches et du travail de ses bêtes à cornes.

On regarde le peu de lait que les vaches peuvent donner pendant cette maladie comme dangereux pour l'homme et les animaux. -

Symptômes : Perte d'appétit, tristesse, frissons, yeux larmoyants, pouls élevé ; la langue est tuméfiée; la bouche remplie d'écume ; chez les femelles, la sécrétion du lait diminue ou cesse complétement ; ensuite apparaissent aux naseaux, aux sabots, des ampoules qui crèvent et laissent écouler une matière jaunâtre et puante ; chez les vaches, le pis est rouge et enflammé.

Traitement : se borner à des soins hygiéniques ; aliments rafraîchissants, un peu laxatifs ; fourrage vert , regain tendre, racines cuites ; pour boissons, de l'eau blanche, de l'eau de graine de lin ;

Tenir l'étable dans la plus grande propreté, enlever fréquemment les fumiers ; litière fraîche et abondante ; laver la bouche plusieurs fois par jour avec un linge doux imbibé d'eau miellée et légèrement acidulée avec un peu de vinaigre ; couper avec précaution, au moyen de ciseaux, mais *ne pas arracher les lambeaux de peau qui peuvent se détacher.*

Si les pieds sont malades, les laver plusieurs fois par jour avec un arrosoir ; mais si l'on est près d'un ruisseau ou d'une rivière, il vaut mieux y faire entrer les animaux jusqu'au-dessus des bourrelets et les y laisser un quart-d'heure.

L'usage de l'eau froide est ici salutaire.

Le pis seul doit être soustrait à l'action de l'eau froide qui aurait pour résultat la perte totale du lait.

Si la maladie prenait un caractère de malignité, il faudrait réclamer les soins d'un vétérinaire.

Gourme. — Maladie qui affecte particulièrement les jeunes chevaux, et qui a pour causes un refroidissement, un changement de régime.

Symptômes : Tuméfaction des glandes de l'auge, accompagnée de toux et d'un écoulement par les naseaux d'une matière blanche et visqueuse ; bientôt les glandes s'ouvrent et laissent échapper la matière qu'elles renferment.

Traitement : Dès le début, raser les poils sur les glandes engorgées ; appliquer un cataplasme épais qui sera fixé à l'aide d'un linge, de manière à ce qu'il touche continuellement la gorge.

Lorsqu'on juge le travail de la suppuration fait, faciliter la sortie du pus en ouvrant la glande avec une lancette (opération qui soulagera le cheval et hâtera sa guérison) ; laver chaque jour la plaie avec de l'eau tiède, y introduire de la charpie enduite d'onguent basilicum ; continuer l'usage des cataplasmes tant qu'il y aura engorgement ; jeter souvent dans la mangeoire de l'eau de son chaude pour en faire respirer les vapeurs à l'animal ;

Boissons adoucissantes ;

Donner un peu de foin mélangé avec de la paille ; diminuer la ration d'avoine ; eau blanche préparée avec quelques poignées de farine d'orge ;

Tenir l'écurie suffisamment chaude, couvrir le poulain ;

Litière fraîche, frictions sèches sur les jambes.

Si, après la guérison de la gourme, il survient une toux sèche, il faudra recourir au traitement spécial de cette maladie (Voir *Toux*).

4

Cette maladie n'a aucune suite fâcheuse, si elle est bien soignée ; mais si elle est négligée, elle peut amener dans les poumons des altérations qui détruiront la santé de l'animal et abrégeront sa vie.

Insectes parasites. — Commé tous les animaux, les chiens sont souvent attaqués par des insectes parasites. Les *puces* et les *tiques* sont ceux que l'on trouve le plus ordinairement sur eux.

Puces. — Ces insectes suceurs pullulent quelquefois tellement qu'ils tourmentent beaucoup les animaux, les font maigrir et peuvent même, dans certain cas, déterminer une maladie de peau ayant beaucoup d'analogie avec la gale.

Il est facile d'en débarrasser les chiens en les plongeant dans un bain d'eau tiède savonneux, et en ayant soin de ne les laisser rentrer dans le chenil qu'après l'avoir nettoyé avec le plus grand soin.

Tiques. — Ce sont des insectes à abdomen volumineux et grisâtre et à tête très-petite, armés de crochets qu'ils implantent dans la peau pour se fixer. Ils déterminent, quand surtout ils sont nombreux, une irritation très-grande, et épuisent assez promptement les animaux.

Traitement. Arracher avec la main, ou, pour éviter la douleur aux chiens, couper ces insectes avec des ciseaux ou mieux encore frictionner les animaux avec la benzine, qui tue lati que instantanément.

Morve. — *Causes :* Une nourriture malsaine et insuffisante, des fatigues excessives, c'est-à-dire au-dessus des forces des animaux, surtout par les grandes chaleurs ; des coups violents sur la tête avec un manche de fouet ; des sueurs répercutées, lorsque par la négligence d'un charretier, un cheval est, après un travail pénible, laissé en repos, exposé à une pluie froide ou à la neige ; les suites du farcin, telles sont les principales causes de cette terrible maladie.

Symptômes : Glandes adhérentes, tumeurs dures et engorgées sous la mâchoire ; jetage par un ou deux naseaux d'une humeur épaisse, visqueuse, jaune ou jaune verdâtre ;

Excoriations isolées ou réunies dans l'intérieur des naseaux ; pustules sur les ailes du nez.

Tels sont les caractères certains de la morve.

Hâtons-nous de dire que jusqu'ici tous les efforts de la science ont échoué contre ce terrible fléau, et que si le fermier veut en limiter les dangers, il faut d'abord :

Qu'il fasse immédiatement abattre l'animal malade (1) ;

Qu'il fasse brûler *complétement* harnais, mangeoires, en un mot, tout ce que l'animal a touché (la purification par le feu ou les chlorures sont des moyens insuffisants et qui laisseraient dans une fausse sécurité celui qui se contenterait de les employer).

Nous le répétons, *il faut tout brûler*, car, qu'on ne l'oublie pas, la morve est transmissible à l'homme et alors toujours mortelle. Un fermier verrait sa responsabilité morale gravement engagée, si un de ses serviteurs venait à être victime d'une misérable lésinerie.

Faisons observer en passant que l'on ne sévit pas assez sévèrement contre les charlatans qui vendent des remèdes contre la morve.

Ces remèdes impuissants entretiennent ceux qui s'en

---

(1) Pour avoir hésité à sacrifier un cheval morveux, et dans l'espoir d'une guérison impossible, plus d'un propriétaire a vu ses écuries ravagées par cette maladie, dont il aurait pu arrêter le cours sans cette imprudence.

servent dans une trompeuse et fatale sécurité, et laissent le mal, isolé d'abord sur un malade, se propager ensuite de proche en proche, et finir par infecter des animaux qui eussent été, à l'aide de quelques soins hygiéniques prescrits par le vétérinaire, préservés de la contagion.

Puissent nos conseils porter leurs fruits !

La morve est considérée comme vice rédhibitoire (loi du 20 mai 1838).

On peut confondre, à première vue, la morve avec le rhume ; mais voici ce qui les distingue :

Dans le rhume, il y a de la fièvre, une toux plus ou moins grave, une diminution sensible de l'appétit ;

Dans la morve, il n'existe aucun de ces symptômes.

Dans la morve, les naseaux sont ulcérés;

Dans le rhume, jamais.

Dans la morve, les glandes sont *adhérentes ;*

Dans la toux, elles sont mobiles (V. *Rhume*).

On peut prendre aussi la gourme pour la morve; mais dans la gourme, les glandes enflammées ne tardent pas à suppurer et à crever, tandis que dans la morve elles ne suppurent jamais (V. *Gourme*).

Mais toutefois, il est prudent, aussitôt qu'on voit un cheval jeter par le nez, de l'isoler complétement.

Appliquer alors un large cataplasme sur les glandes, si elles sont gonflées et enflammées ; exposer plusieurs fois par jour la tête du cheval à la vapeur d'eau.

Si l'écoulement provient d'un rhume, ces moyens suffiront pour le faire disparaître ; mais s'il se forme des ulcérations dans le nez, il faut abattre tout de suite l'animal, car il est morveux.

Pourriture chez les bêtes à laine. — Cette maladie est une altération du sang.

Causes : Des pâturages humides ; des herbes âcres, telles que les renoncules ; des foins rouillés ; des bergeries malsaines ou trop chaudes ; la privation ou l'excès de nourriture ; une nourriture verte et abondante donnée tout à coup, après l'usage plus ou moins long d'un fourrage sec ; des eaux malsaines.

Symptômes : Pâleur des lèvres et de la bouche ; engorgement du frein, de la langue ; tristesse, abattement.

A cette période, une bonne médication et surtout une nourriture appropriée peuvent encore triompher de cette maladie ; mais si, aux symptômes précédents, on laisse succéder la tuméfaction sous la ganache, *que les bergers nomment la bouteille,* l'écoulement par les naseaux d'une humeur visqueuse, la diarrhée, etc., alors la maladie devient incurable.

Il faut donc, dès l'apparition des premiers symptômes, soumettre les animaux à un traitement et à une nourriture appropriés : c'est de l'hygiène plus encore que de la médecine qu'il faut espérer la guérison de cette maladie.

Traitement : Enlever les fumiers, bien aérer les bergeries, car c'est pour les moutons surtout qu'il est vrai de dire qu'une étable malsaine est un tombeau ; éloigner le troupeau des mares infectes, des fosses à fumier et des terrains humides ; le mettre à l'abri de la pluie et du brouillard ; substituer aux aliments verts les *fourrages secs* et toniques, le foin fin, aromatique, la luzerne, le trèfle, l'avoine ; mêler à ces aliments un peu de sel de cuisine : pour boisson, l'eau ferrugineuse suivante :

4.

```
Eau. . . . . . . . . . . . . . . .   1 seau.
Vinaigre. . . . . . . . . . . . .   1 verre.
Sel de cuisine. . . . . . . . .   250 grammes.
Clous. . . . . . . . . . . . . .   1 kilog. (1).
```

Laisser ce mélange en contact pendant vingt-quatre heures en l'agitant de temps en temps.

Nota. Il faut avoir soin de bien remuer cette eau avant de la présenter à l'animal.

Si le temps est beau, conduire de midi à trois heures le troupeau aux champs; la promenade est alors salutaire. Si de l'eau se trouvait sur leur route, il faut en éloigner les moutons, afin qu'au retour à la bergerie ils soient forcés d'étancher leur soif avec l'eau ferrugineuse.

Quinze jours de ce traitement suffisent souvent pour rendre aux moutons leurs forces et leur santé.

Dans le cas contraire, et si les symptômes devenaient plus graves, il faudrait solliciter les soins d'un vétérinaire.

Moyens préservatifs : Les causes de cette maladie étant connues, rien ne serait cependant plus facile au cultivateur que d'en préserver ses troupeaux!...

Mais il s'endort dans son insouciance, et il pense à faire le lendemain ce qu'il aurait dû faire la veille!...

Cela lui coûte souvent cher!...

Et si ces leçons lui profitaient encore!...

Rage, hydrophobie. — Maladie que les chiens contractent spontanément sous l'influence de causes inconnues et qu'ils transmettent par leurs morsures aux autres animaux.

---

(1) Les mêmes clous peuvent servir à d'autres traitements.

La tristesse, l'abattement, l'inappétence, l'horreur de l'eau et des surfaces polies signalent l'invasion de cette maladie. Bientôt l'animal après se retire dans un coin obscur, grogne souvent sans aucun motif apparent; plus tard, son regard est menaçant, ses yeux sont hagards, sa bouche est écumeuse, sa langue pendante; il n'aboie plus, sa voix est rauque et enrouée; elle a enfin alors un caractère tel qu'elle peut être considérée comme un moyen des plus sûrs de diagnostic. Si l'animal s'échappe du lieu où il est retenu, il erre çà et là, mordant, sans s'arrêter, les hommes et les animaux qu'il trouve sur son passage. Quelques instants de calme séparent ces accès qui, devenant de plus en plus rapprochés, font mourir le malade du deuxième au neuvième jour.

Cette maladie est incurable.

Nous avons dit que le chien transmet facilement par morsure cette terrible maladie aux autres animaux. Dans ce cas, la rage se déclare du trentième au quarantième jour, quelquefois avant, quelquefois après.

Aussitôt que l'animal a été mordu, il faut laver la plaie à grande eau, pressurer ses bords pour faire sortir le plus de sang possible, puis cautériser avec le fer rouge, ou mieux le beurre d'antimoine, qui est et doit être regardé comme le meilleur caustique à employer dans cette circonstance. On mettra ensuite l'animal en observation en l'attachant solidement pendant un temps assez long pour qu'on n'ait plus à redouter l'apparition de la maladie. Enfin, si la bête a peu de valeur, on fera mieux de la sacrifier immédiatement.

CHAPITRE III.

Maladies des Membres.

Aggravée ou inflammation des pattes du chien.
— L'inflammation de la face plantaire des pattes du chien
est le résultat de la fatigue, d'une longue marche sur des
terrains pierreux, couverts de neige ou de glace. On
l'observe encore assez fréquemment pendant la sécheresse.

L'animal atteint de cette maladie se soutient avec
peine sur les pattes ; à l'exploration, on trouve les pattes
gonflées, douloureuses, très-chaudes. La peau qui recouvre la surface plantaire est souvent excoriée, déchi-
rée et couverte de crevasses et d'ampoules. Les ongles
sont quelquefois entièrement usés.

L'aggravée n'est pas une maladie dangereuse, le repos suffit ordinairement pour la faire disparaître. On se
trouve bien des lotions astringentes faites très-fréquem-
ment avec de l'eau froide blanchie par de l'extrait de saturne. Enfin, quand la fièvre de réaction est très-forte,
ou doit encore avoir recours à la saignée à la jugulaire.

S'il se montre des abcès, on les ouvre et on les panse
comme une plaie ordinaire.

Les chiens de race sont plus sujets que les autres à
contracter cette maladie.

Voici un moyen préservatif qui nous a toujours réussi :
quinze jours avant les chasses, on applique sur les faces

plantaires des pattes du chien une couche du mélange suivant qui a pour propriété de les durcir :

> Blanc d'œuf,
> Suie de cheminée.

Quantité suffisante pour faire un mélange de la consistance du miel.

Atteintes. — Blessure causée à l'articulation du boulet par une mauvaise position du pied.

Il y a du danger à monter un cheval qui se blesse ainsi, car il peut arriver que la violence de la douleur occasionne une chute.

Les jeunes chevaux, faciles à se fatiguer, sont très-sujets *aux atteintes* lorsqu'ils marchent sur un terrain inégal et dur.

Il faut donc leur éviter la cause de cette blessure en guidant leur marche sur un sol doux et uni.

S'il y a blessure, protéger la partie malade par une bottine.

Bleime. — Maladie du sabot, produite par une mauvaise ferrure ou une marche sur un terrain pierreux. Quand elle se montre, enlever la partie rouge avec le boutoir, et appliquer ensuite le fer de manière à ce qu'il n'opère aucune pression sur la partie malade.

Si la bleime a été négligée et s'il s'est formé du pus dans la couronne, il faut lui ouvrir un passage par une incision ; la plaie sera ensuite pansée avec de la charpie enduite d'onguent populeum ou de pied, qui sera assujettie au moyen d'un fer barré.

Mais toutes ces opérations ont besoin de la main exercée du vétérinaire.

Cheval pris de froid dans les épaules après une marche forcée. — Si l'on abandonne le cheval à l'écurie sans le bouchonner sur tout le corps et les extrémités, et si quelques moments après on porte la main sur ses jambes, on s'apercevra qu'elles sont froides depuis l'épaule jusqu'au sabot inclusivement. Il peut en résulter un mal qu'il est rare de guérir.

Précautions à prendre pour prévenir ce mal : Essuyer la sueur avec un linge, puis bouchonner à contre-poil et fortement le corps et les jambes.

Crevasses aux paturons chez les bêtes à cornes. — Ces crevasses, chez les bêtes à cornes, sont différentes de celles qui affectent les chevaux.

Causes : Malpropreté des étables, défaut de pansage et marche dans les chemins boueux.

Symptômes : Inflammation superficielle de la peau du pli du paturon, accompagnée de chaleur, de douleur et d'engorgement. Plus tard, petites vésicules, d'où suinte une humeur fétide ; tantôt ces pustules se dessèchent, tantôt elles se réunissent et continuent à sécréter une humeur âcre, qui donne lieu à des ulcères qui envahissent quelquefois toute la surface du paturon.

Au début du mal, les bêtes sont gênées dans leur marche, et si l'on ne parvient à en arrêter le progrès, la douleur gagne le jarret et le genou et devient si intolérable que la marche de l'animal devient très-pénible, sinon impossible.

Traitement : Grands soins de propreté, bien laver le paturon avec de l'eau tiède ou mieux de l'eau de savon; raser les poils; bains émollients, dans lesquels on met 4 à 5 cuillerées d'extrait de saturne; continuer ces lotions et ces bains jusqu'à ce qu'il se soit formé de petites croûtes sur les pustules.

Lorsque les ulcères et les gerçures sont profondes,

les panser avec l'extrait de saturne pur et avec l'onguent ægyptiac, s'il s'est formé dans la plaie des excroissances charnues.

Litière fraîche; boisson et nourriture rafraîchissante, eau de farine d'orge; herbes vertes ou racines cuites, selon la saison.

Purgatif après la guérison.

Écart, faux écart. — Distension douloureuse des muscles de l'épaule, produite par une chute, une glissade.

Selon M. Villeroy, un moyen sûr de reconnaître un écart d'une fourbure ou d'une entorse est celui-ci :

On fait marcher le cheval sur un terrain couvert de fumier.

Si le siége du mal est dans l'épaule, le cheval étant obligé de lever beaucoup les jambes, boitera plus fort; il boitera moins, au contraire, si le mal est dáns le pied.

Le traitement de l'écart est le même que celui de la luxation (V. *Luxations*).

Enclouure. Clou de rue. — Accident très-grave, dont le vétérinaire peut seul prévenir les suites funestes.

Éparvin. — Engorgement du jarret qui détermine une boiterie plus ou moins forte.

L'application du feu peut seule donner des chances de guérison.

Fourbure. — Congestion sanguine des parties molles du sabot, déterminée par une marche ou une course forcée sur un sol dur, par un temps chaud et sec, par un travail excessif, quelquefois par une nourriture trop forte, excitante, par du foin nouveau donné en trop grande abondance, par une ferrure défectueuse.

La fourbure est quelquefois partielle, c'est-à-dire qu'elle n'affecte pas les quatre membres à la fois : dans ce cas, la marche de l'animal indique celui des membres qui en est atteint.

Symptômes. Marche pénible, douloureuse; l'animal boite et lève les membres à des intervalles d'autant plus rapprochés que la douleur qu'il éprouve est plus grande. Alors il y a rougeur, gonflements, sensibilité appréciable à la naissance du sabot et vers les talons, fièvre.

Traitement. D'abord déferrer l'animal et le conduire au pas et doucement aussitôt qu'on le voit atteint de cette maladie.

Si la fourbure est légère : lotions avec de l'eau alcoolisée et vinaigrée (une cuillerée de vinaigre et deux cuillerées d'eau-de-vie par litre d'eau) sur les membres affectés et sur les reins ; si la température est basse, ces lotions seront tièdes.

Lavements émollients, avec addition de deux à trois cuillerées de gros miel.

Pour boisson, de l'eau blanchie avec de la farine d'orge et additionnée de 60 grammes de sel de nitre par jour.

Si la fourbure est aiguë, douloureuse, s'il y a fièvre, il faut appeler le vétérinaire.

Mais, en son absence, voici le traitement à suivre provisoirement :

Pratiquer une saignée plus ou moins copieuse, selon l'intensité du mal ; envelopper pendant la nuit les sabots de cataplasmes faits avec de la suie de cheminée, délayée dans suffisante quantité de vinaigre ; ou bien avec de la terre glaise, à laquelle on ajoutera 60 à 80 grammes de sulfate de fer pulvérisé.

Pendant le jour, des lotions froides continuelles, des bains froids de plusieurs heures.

Le troisième jour, faire usage du breuvage suivant, qui sera donné le matin à jeun, en trois fois et à dix minutes d'intervalle :

Aloës pulvérisé.	30 grammes.
Sulfate de soude.	100
Poudre de gentiane.	30
Eau.	3 litres.

Faire fondre d'abord le sel dans l'eau, puis délayer la poudre.

Avoir soin d'agiter fortement le mélange au moment de le donner.

Fourchette échauffée. — *Causes.* Un séjour prolongé sur des litières pourries.

Traitement. Déferrer le cheval, parer le pied et humecter, tous les jours, la partie malade avec un mélange de quatre parties d'alcool pour une partie de créosote.

Des vétérinaires préfèrent l'usage de la liqueur suivante :

Liqueur de Mercier.

Essence de térébenthine.	400 grammes.
Acide sulfurique à 60°.	100

Il ne faut verser l'acide que par petites quantités à la fois et à des intervalles de quelques minutes; car, si on versait les 100 grammes d'acide dans la térébenthine, il se dégagerait aussitôt une grande quantité de chaleur qui ferait éclater le vase.

Garot (mal au). — Meurtrissure ou blessure produite sur le garot par une contusion ou des frottements réitérés.

Cette maladie apparaît sous la forme d'une tumeur.

Dans le cas où la tumeur est froide, fluctuante, indolente, quelques frictions avec la teinture de cantharides suffisent.

Dans le cas où la tumeur est chaude, tendue, douloureuse, il faut recourir à une opération qui doit être confiée à un vétérinaire, car lui seul est capable de savoir jusqu'où doit pénétrer le bistouri sans occasionner de lésions dans les ligaments et les os qui forment la base du garot, puis d'indiquer la médication et le régime à suivre.

Dans tous les cas, le cultivateur aura soin d'empêcher l'animal de se gratter, car le frottement ne peut qu'entretenir un mal dont les suites, quand on le néglige, sont la carie des os, la filtration du pus dans le canal vertébral, la morve et le farcin.

Genoux couronnés. — Application d'onguent vésicatoire sur les parties de peau déchirées et contuses.

A l'aide de ce topique énergique, la cicatrice se fait sans déformation

L'usage des corps gras dont on se sert souvent en pareil cas produit *un effet contraire* et amène toujours une cicatrisation difficile et d'un aspect désagréable.

La blessure guérie, il reste souvent une partie dénudée qui ôte de la valeur au cheval ; on pourra favoriser la reproduction du poil par l'usage de l'onguent de Whitte, dont voici la formule :

Cérat jaune. . . . . 60 grammes.
Huile volatile de romarin. 4
Camphre pulvérisé. 8

Triturer dans un mortier le camphre avec l'essence et le cérat jusqu'à dissolution complète.

Jambes. (Crevasses aux). — Les bœufs condamnés

à un repos absolu dans les étables où leurs pieds se trouvent constamment dans l'urine et les excréments, sont sujets à des crevasses qui envahissent souvent les jambes jusqu'aux genoux.

Le traitement est le même que celui des crevasses aux pâturons (V. *Crevasses aux pâturons*).

On pratiquerait une saignée si la maladie se compliquait de fièvre.

Jambes (Eaux aux). — Écoulement d'une sérosité âcre qui suinte continuellement des jambes.

Causes. La malpropreté, les boues corrosives des grandes villes, le froid, la neige, le séjour dans une écurie humide, le lavage des jambes avec de l'eau froide lorsque l'animal est en sueur.

Traitement. Grands soins de propreté ; couper les poils, laver les jambes à l'eau tiède ; cataplasmes émollients ; breuvages sudorifiques.

Le mal est souvent superficiel ; dans ce cas, frotter avec une brosse rude, jusqu'au sang, la partie malade ; appliquer l'onguent digestif simple pendant huit jours, et ensuite laver la plaie avec une teinture légère de noix de Galles.

Javarts. — Il y en a de quatre sortes : le cutané, le tendineux, l'encorné et le cartilagineux, selon que le siége du mal est sous la peau, dans les tendons, sous la corne ou dans les cartilages de l'os du pied.

Cette maladie est grave et exige les soins du vétérinaire.

Luxation, Foulures, Entorses, Déboîtement.— Disons d'abord que c'est dans ces maladies que le temps est précieux, et qu'il suffit d'une perte de 24 heures pour faire du meilleur cheval une rosse sans valeur ; il faut donc immédiatement faire appeler le vétérinaire.

Causes. Une chute, une contusion, un coup.

Traitement. Si les accidents sont légers, de simples pétrissages de la partie malade, des compresses d'eau froide salée, souvent renouvelées, du repos, suffisent pour les dissiper.

S'il y a fièvre, inappétence, gonflement douloureux des articulations, marche pénible!... alors petite saignée, lavements émollients; pour boisson, de l'eau blanchie avec de la farine d'orge et salée avec quelques pincées de sel de cuisine.

Tous les symptômes de l'accident ayant disparu, faire des frictions fortifiantes avec de l'alcool camphré ou avec un mélange d'huile et d'essence de térébenthine (4 parties d'huile sur une partie d'essence); mais qu'on ne l'oublie pas, dans celte maladie, le repos *absolu* de l'animal est la première condition de sa guérison.

C'est surtout pour les contusions, les entorses, les plaies, que le charlatanisme a inventé une foule d'onguents et d'emplâtres ; ces mélanges grossiers de graisse, de résine et d'oxydes métalliques, retardent toujours la guérison, et transforment quelquefois une plaie simple en une plaie de mauvaise nature.

Mal aux sabots des bœufs. — Les sabots des bœufs qui marchent sans être ferrés sur des terrains pierreux, s'usent et se déchirent à ce point que les feuillets de chair de la muraille et de la sole sont quelquefois mis à découvert.

Traitement. Enlever les parties déchirées, bien laver et nettoyer les plaies, les couvrir ensuite de compresses imbibées d'eau-de-vie et maintenues par un bandage, substituer à l'eau-de-vie la teinture d'aloës si les plaies donnent une mauvaise suppuration.

La chute complète du sabot a lieu quelquefois en voyage, alors il faut abattre le bœuf, car la guérison pourrait être longue.

Molettes.— Les poulains y sont très-sujets; si les molettes sont récentes, faire prendre au cheval, tous les jours, pendant l'été, un bain de rivière jusqu'au genou seulement, et, lorsque l'inflammation aura disparu , substituer aux bains des frictions avec l'alcool camphré; si les molettes sont anciennes, et si elles sont froides, indolentes, les frictionner avec un mélange de 4 parties d'alcool camphré et d'une partie de teinture de cantharides.

Les frictions seront continuées jusqu'à ce qu'elles aient amené sur la peau un suintement.

Pied (Maladies du). — De toutes les maladies auxquels les chevaux sont sujets , celles des pieds sont les plus fréquentes et les plus difficiles à guérir ; et un fait vrai, qui cependant ne fixe pas assez l'attention des propriétaires, c'est que le plus grand nombre de ces maladies sont occasionnées par l'ignorance ou la maladresse d'un maréchal.

Piétin, Crapaud du mouton. — Inflammation de la partie supérieure et interne de l'onglon.

Cette affection, malheureusement négligée dans nos campagnes, cause à l'agriculture, suivant Charlier, une perte annuelle de 21 millions ! L'insouciance coûte cher, comme on voit !

Les opinions sont partagées sur sa contagion : attendons que l'expérience les ait mises d'accord.

Causes. Un séjour prolongé dans des bergeries malsaines, l'humidité, un froid rigoureux.

Traitement. Le piétin est facile à guérir à son début ; mais comme les premiers symptômes sont bientôt suivis d'altérations profondes, il est plus prudent de confier au vétérinaire les soins d'un traitement que de l'appliquer soi-même.

Piqûre du pied.— Si elle provient d'un clou, et si le clou n'a pénétré que dans la corne, il faut élargir l'ouverture de la plaie afin de prévenir l'inflammation qui aurait lieu si la blessure se fermait.

Appliquer des cataplasmes émollients, repos.

Piqûre profonde dans les articulations. — Ce cas est grave et demande les soins d'un vétérinaire.

Sabot (Pourriture du). Il y a des cultivateurs, *le nombre en est heureusement très-restreint,* qui s'imaginent que parce que des chevaux ne travaillent pas, il n'est pas besoin de s'inquiéter de leurs pieds, et ils les laissent quelquefois, pendant plusieurs mois d'hiver, sur le fumier sans toucher à leurs fers.

La conséquence de ce singulier syllogisme est : la perte des aplombs, une fourchette pourrie, et souvent une boiterie incurable.

Sabots secs et cassants. — Les graisser souvent, deux fois par semaine au moins, avec une couenne de lard. Cette précaution doit être prise également avant chaque bain (V. *Bain*).

Sabots. — Voici la formule d'un onguent de pied que l'on dit très-bonne :

Saindoux..	
Térébenthine.	} parties égales.
Huile de laurier..	

Mêler.

Voici une autre formule d'onguent de pied très-employé au haras des Deux-Ponts.

> Graisse. . . . . 200 grammes.
> Goudron. 150

Bien mêler et ajouter :

> Cire jaune fondue séparément. . . . 200

Seime. — On donne ce nom à des fissures longitudinales produites par les grandes chaleurs dans les sabots d'une nature sèche et fragile.

Ces fissures sont parfois profondes et atteignent les parties vives du pied ; la douleur fait alors boiter l'animal.

Traitement. Élargir la fente avec une rénette ; appliquer un vésicatoire sur la couronne ; mettre l'animal dans un terrain mou et humide afin de tenir les sabots constamment frais.

Cette maladie est souvent longue à guérir ; elle a besoin d'être confiée aux soins éclairés d'un vétérinaire.

Vessigon simple. — Tumeur synoviale molle qui vient au pourtour du jarret ou du genou, chez le cheval.

Causes. Mouvements brusques des articulations ; contusions, fatigue excessive.

Traitement. Au début, des cataplasmes émollients et souvent renouvelés suffisent pour la faire disparaître.

Mais si le vessigon passe à l'état chronique, il faut alors recourir à l'emploi du fer rouge et du bistouri et confier le traitement au vétérinaire.

CHAPITRE IV.

Maladies des Nerfs.

Danse de Saint-Guy. — Une maladie assez commune chez les chiens qui sont convalescents de la maladie, c'est la chorée, vulgairement appelée *danse de Saint-Guy*. Elle est caractérisée par des mouvements irréguliers et involontaires du système musculaire. Le plus souvent, elle n'est que partielle et n'affecte que la tête et le cou, les membres antérieurs ou postérieurs; quelquefois cependant la chorée est générale.

Consistant en des flexions ou des extensions subites plus ou moins intenses, cette maladie est, dans certains cas, peu grave, et peut permettre d'utiliser les malades qui restent souvent ainsi pendant toute leur vie. Dans d'autres circonstances, les contractions sont si fortes, que la tête et le tronc viennent à chaque instant heurter le sol avec violence. Dans ce dernier cas, les chiens restent presque toujours couchés.

Cette affection dure plus ou moins de temps; quand elle n'est pas forte, la guérison peut être spontanée, mais quand elle a quelque intensité, il est rare qu'on puisse obtenir une amélioration; car alors elle se termine habituellement par la paralysie des parties affectées.

Traitement. Les purgatifs et les préparations ferrugineuses : beaucoup de personnes assurent s'être très-bien trouvées de l'usage des bains froids, d'autres disent avoir employé avec succès le camphre, l'opium, l'assa-fœtida, etc.; enfin, on vante le breuvage composé ainsi qu'il suit :

Assa-fœtida. . . . . 2 ou 4 grammes.
Décoction de valériane. . . . . . 2 décilitres.

Épilepsie, Mal caduc chez les chiens.—Maladie nerveuse caractérisée par des mouvements convulsifs généraux ou partiels avec diminution de la sensibilité et suppression de l'exercice de certains sens.

Causes. Les causes de cette affection sont souvent inconnues; cependant, elle est le plus ordinairement la suite de la maladie particulière au jeune âge. Les plaies, les contusions sur le crâne peuvent encore lui donner naissance; on dit aussi qu'elle se transmet par hérédité.

Symptômes. Tremblements subits; perte de la vue, de l'ouïe; extinction de toute sensibilité; chute sur le sol, convulsions, raideur tétanique générale: rejet de bave écumeuse; cris violents; puis, souvent, à la fin de la crise, fuite de l'animal comme s'il était poursuivi. Tels sont les phénomènes caractéristiques des accès qui deviennent de plus en plus fréquents, et finissent presque toujours par faire périr les animaux.

Traitement. Jusqu'à présent cette maladie a résisté à tous les moyens qui ont été tentés: les narcotiques, les anti-spasmodiques, les révulsifs, ont été employés, sans que le plus souvent il ait été possible d'en obtenir le moindre résultat avantageux. Cependant on recommande encore contre cette maladie la racine de valériane, laquelle s'administre en pilule, à la dose de 16 à 32 grammes, ou bien en infusion.

Quand le mal est dû à la présence de vers dans le canal intestinal, on peut alors le guérir par l'emploi de purgatifs laxatifs.

Dans le cas où l'animal rendrait des *tænias* par l'anus, on lui ferait prendre le matin à jeun, et pendant plusieurs jours, une ou deux pilules composées ainsi qu'il suit :

Extrait aqueux d'écorce de racine de grenadier. 2 grammes.
Écorce de grenadier pulvérisée (quantité suffisante pour faire une pilule).

CHAPITRE V.

Maladies des Organes digestifs.

—

Coliques d'estomac produites par une eau trop froide. — Dix grammes d'éther sulfurique dans une demi-bouteille de vin.

Coliques stercorales. — Produites par un amas de matières stercorales durcies dans la courbure du colon, ce dont il est facile de s'assurer en introduisant la main dans le rectum. — Purgatifs avec l'aloès, lavements huileux, répétés jusqu'à l'expulsion du crottin, frictions sèches sur le corps.

Coliques, Tranchées. — Les boissons trop froides, de mauvais aliments, le froid, l'humidité, une transpiration brusquement arrêtée, le développement rapide du gaz dans les intestins par suite d'une indigestion, telles sont les principales causes des tranchées.

Symptômes. Les animaux se débattent, se roulent, se couchent et se relèvent à chaque instant, les jambes et les oreilles sont chaudes, les flancs battent, des bruits prolongés se font entendre du côté du ventre; le malade tremble, transpire, gratte le sol, regarde souvent son flanc et ne peut uriner.

Il y a de courtes intermissions :

Si les tranchées ont été causées par le froid, une transpiration supprimée : Boissons et lavements émollients.

En hiver, tenir chaudement le cheval, faire usage d'une couverture; frictions sèches sur le corps.

Si les coliques sont le résultat d'une grande quantité d'aliments mangés trop précipitamment et rendus indigestes par un travail forcé, il faut, dans ce cas, faire usage de cette infusion :

Sauge officinale.	1 poignée.
Menthe.	1 poignée.
Eau bouillante..	4 litres.

Laisser infuser pendant dix minutes, passer et donner tiède par quart de dix en dix minutes.

Trois ou quatre demi-lavements d'eau de son d'heure en heure ; promener au pas le malade, se bien garder surtout de le faire courir, car les secousses d'une course rapide pourraient déchirer les parois de l'estomac surchargé d'aliments et donner la mort.

Dans tous les cas, boissons adoucissantes de graine de lin, de guimauve.

Si les coliques ne se calment pas, réclamer au plus tôt les soins du vétérinaire.

C'est dans ces maladies surtout que s'appliquent les observations que nous avons faites à l'article *lavements.*

Diarrhée des veaux.—Les veaux sont souvent atteints d'une diarrhée d'un caractère particulier.

Symptômes. Matières stercorales de couleur jaune clair; perte de gaieté, d'appétit ; œil terne, poil hérissé, lèvres pâles, bouche remplie d'un mucus gluant, langue chargée d'un enduit noirâtre; parvenue à cette dernière période, la maladie est presque toujours mortelle.

Traitement. Au début et si le veau tète encore, lui donner le pis d'une autre vache ; et, si cela n'est pas possible, rafraîchir la mère par une nourriture légère et appropriée.

Si le veau boit au baquet, mêler au lait un peu de farine de blé torréfiée, ou de farine de graine de lin.

On a retiré de bons effets de l'emploi de la poudre de rhubarbe, à la dose de 20 grammes, délayée dans un demi-litre d'infusion de camomille ou de menthe poivrée.

Diarrhée simple, Dévoiement. — *Causes.* Suppression de transpiration, sécrétion abondante de bile.

Traitement. Prendre tous les matins le bol suivant :

        Poudre d'opium. . . . .   2 grammes.
        Poudre d'os calcinés. 24
        Poudre de canelle   6
        Poudre d'émétique.   8
        Miel (quantité suffisante pour un bol).

Diminuer la ration.

Couvrir chaudement l'animal.

Pour boisson, de l'eau tiède à petites doses.

Exercice modéré.

Inflammation des intestins. — *Symptômes.* Ils sont les mêmes que ceux qui se manifestent dans les coliques. Il y a toutefois cette différence entre eux, que dans l'inflammation le pouls est prompt et petit, les jambes et les oreilles sont froides, il y a fièvre, tandis que le contraire a lieu dans les coliques.

Cette distinction suffit pour les faire reconnaître.

Traitement. Saignée prompte et copieuse, faire usage des couvertures chaudes, sinapismes sur le ventre.

S'il y a constipation : purgatifs, boissons adoucissantes, tièdes.

Frictions sèches sur les jambes, litière abondante et fraîche.

Si un soulagement notable ne se manifeste pas, six heures après la saignée, renouveler celle-ci.

Si la constipation n'a pas cédé au premier purgatif, en donner un second vingt-quatre heures après.

La constipation ayant cessé, substituer aux lavements purgatifs des demi-lavements émollients.

Indigestion. — *Indigestion simple.* Elle se dissipe facilement à l'aide de boissons tièdes et légèrement aromatiques (infusions légères de menthe, de sauge, de camomille), de lavements émollients, de frictions sèches sous le ventre et sur les extrémités, d'une couverture sur le dos, de litière fraîche et du repos dans une écurie bien aérée.

Indigestion causée par des fourrages verts et humides de pluie ou de rosée, fréquente surtout chez la race ovine.

Cette indigestion, appelée *météorisation ou tympanite,* a pour *symptôme* un gonflement considérable du ventre qui ressemble alors à un ballon et qui produit le son d'un tambour lorsqu'on le frappe (V. *Tympanite*).

Inflammation du foie. — *Causes.* Coups violents, efforts.

Symptômes. Couleur jaune des yeux et de la bouche, urine rouge foncée, fièvre, dévoiement, quelquefois constipation ; l'animal est triste, abattu et reste presque constamment couché.

Traitement. S'il y a dévoiement, donner chaque jour le bol suivant de White :

Opium pulvérisé.	4 grammes.
Calomel.	4
Savon blanc.	8

Faire un bol.

S'il y a constipation, de 12 heures en 12 heures le bol suivant, jusqu'à ce qu'on obtienne une purgation modérée :

Calomel. . . . . 2 grammes.
Poudre d'aloès.. 4
Savon blanc. 8
Poudre de rhubarbe. 15
Miel (quantité suffisante pour faire un bol).

Vésicatoire sur le flanc droit.

Alimentation. Nourriture tonique, mais facile à digérer, farine d'orge, carottes.

Jaunisse. — Cette affection consiste dans une coloration jaune des muqueuses apparentes, de la peau et des urines. Souvent due à une inflammation du foie, de l'estomac ou des intestins, cette maladie peut aussi être produite par un rétrécissement des canaux biliaires, occasionné par des calculs, par toute cause enfin pouvant déranger le cours naturel de la bile : les excès de fatigue, l'abus des purgatifs, les coups reçus sur la région du foie, sont aussi autant de causes qui déterminent la jaunisse. Les chiens en sont encore assez fréquemment atteints après les chasses au marais.

Symptômes principaux. Tristesse, inappétence, coloration en jaune des muqueuses et de la peau se montrant subitement ou par degrés, teinte safranée de l'urine, constipation quelquefois remplacée par la diarrhée, respiration courte et difficile.

Traitement. Il varie suivant les causes de la maladie. Si l'affection se rattache à une inflammation, soit du foie, soit de quelques organes voisins, tels que l'estomac, l'intestin...., les boissons mucilagineuses doivent être seules employées. Mais si elle a pour cause des obstacles au libre cours de la bile, on combine alors aux boissons adoucissantes ou rafraîchissantes quelques purgatifs salins.

Quelle que soit la cause de la jaunisse, il est vrai de dire que cette maladie est très-grave, et que le plus souvent les animaux qui en sont atteints succombent malgré les soins les plus empressés et les mieux entendus.

Tympanite chez les bœufs et les moutons.— *Traitement.* Passer dans la bouche de l'animal un lien de paille dont les extrémités seront nouées derrière les cornes, lui faire avaler de l'eau additionnée d'alcali volatil: 40 à 50 gouttes dans un verre d'eau, pour le mouton; pour le bœuf et le cheval, trois cuillerées d'alcali pour un litre d'eau. Cette dose suffit pour solidifier complétement les gaz contenus dans la panse qui reprend comme par enchantement sa position normale. Si de nouveaux gaz se forment et gonflent de nouveau la panse, donner une nouvelle dose d'eau ammoniacale, recommencer autant de fois que cela sera nécessaire.

On a recommandé contre la météorisation une foule de remèdes tels que l'eau de chaux, l'eau de cendre, l'eau de savon, le charbon animal, de l'huile de pétrole, du tabac, etc.

Si les lumières de la chimie se projetaient sur les travaux de ces *thérapeumanes,* ils se seraient bien gardés de préférer à l'alcali volatil les eaux de cendre et de savon, et de recommander de l'huile de pétrole, du tabac, remèdes complétement inutiles ici, s'ils ne sont dangereux.

Faire des frictions sèches sur le ventre et les extrémités, lavements émollients, breuvage avec l'infusion de camomille ou de tilleuls.

On se sert aussi avec succès d'une sonde œsophagienne en gutta-percha (tout fermier prévoyant devrait toujours être pourvu de deux de ces sondes, l'une pour le mouton, l'autre pour le bœuf).

Pour le dégagement du gaz, on met un bâillon à l'animal, puis on lui introduit la sonde ; cette sonde est munie d'une baguette flexible et entourée à son extrémité d'une petite éponge qui sert à repousser les matières qui viennent boucher les trous de la sonde.

Si l'introduction de la sonde ne suffit pas au dégagement immédiat du gaz, comme il faut agir promptement, il n'y a pas à hésiter, on doit recourir à la ponction à l'aide du trocart.

On choisit, pour cette opération, la partie du flanc gauche qui forme le milieu entre la hanche et les côtes ; il faut avoir soin d'introduire la canule *immédiatement après la ponction;* sans cette précaution, les aliments contenus dans le rumen viendraient obstruer l'ouverture faite par le trocart, et rendraient l'opération inutile.

Si l'opération est bien faite, les gaz s'échappent avec violence, et le gonflement cesse aussitôt.

Lorsque la reproduction de gaz n'a plus lieu, et que tous les symptômes de la tympanite ont disparu, on réunit les lèvres de la plaie au moyen d'une couture faite avec l'aiguille à suture et du fil ciré ; puis on la recouvre d'un morceau de sparadrap ramolli préalablement au feu afin de le rendre plus adhésif.

Si, comme cela arrive souvent, la marche de la maladie est tellement rapide qu'elle rende insuffisants les moyens curatifs que nous venons d'indiquer, il faut sacrifier l'animal en le saignant, car s'il meurt asphyxié par les gaz, sa chair, en devenant facilement putrescible, perdra beaucoup de sa valeur.

Observation. Les moutons sont si subitement atteints de tympanite, que le berger n'a souvent pas le temps de les ramener à la ferme : il a recours alors au moyen le plus prompt, à la ponction avec son couteau.

Cette opération douloureuse et non pas sans danger ne serait pas nécessaire, s'il avait sur lui un flacon d'ammoniaque.

Quelques gouttes de ce médicament mêlées à l'eau du ruisseau voisin suffiraient souvent pour sauver son troupeau dans la saison des fourrages verts,

Le berger ne devrait jamais sortir alors sans emporter avec lui ce médicament précieux.

Tympanite chez le cheval. — Elle est plus grave que chez les ruminants; elle a encore pour causes autres que celles indiquées plus haut, la voracité avec laquelle l'animal se met à avaler les aliments sans les mâcher ; de l'eau bue trop froide, des indigestions de son et d'avoine, une marche rapide après un repas.

Symptômes. Coliques violentes, gonflement du ventre, distension des flancs; respiration difficile, pouls imperceptible, sueurs froides, refroidissement des extrémités; la mort ne tarde pas à venir si l'on ne s'empresse pas au début de la maladie de secourir le malade.

Voir le traitement prescrit pour la tympanite du mouton.

M. Félix Villeroy dit, dans son excellent *Manuel de l'éleveur des bêtes à cornes*, que, dans son pays, les pâtres emploient avec un très-grand succès un moyen très-simple pour dissiper la *tympanite* : il consiste à chasser et à faire courir les bêtes au moment où ils s'aperçoivent qu'elles gonflent à la pâture.

Vertige abdominal. — Cette maladie est due à une inflammation du tube intestinal, et est assez fréquente chez le cheval.

Causes. Excès d'aliments excitants, travail forcé, course rapide après un copieux repas. .

Symptômes. Tristesse, abattement, refus de nourriture, les muqueuses de l'œil sont injectées et souvent colorées en jaune; puis, plus tard, le malade est plongé dans la stupeur, il tient sa tête appuyée contre le mur ou la mangeoire, ses yeux sont saillants, hagards; il cherche constamment à se jeter en avant : *on dit alors qu'il pousse au mur.*

Des accès violents, surtout vers le soir, se manifestent de temps en temps, alors le cheval devient furieux, il se câbre jusqu'au râtelier et se jette contre les murs avec violence.

Après ces accès, le calme revient : le malade reste immobile, la tête penchée vers la litière; il ne voit ni n'entend rien.

La mort arrive ordinairement le quatrième ou cinquième jour : si l'animal guérit, l'ébranlement a été si violent, qu'on ne doit plus espérer pour lui un retour complet à la santé.

Traitement. Boissons stimulantes tièdes de camomille ou de tilleul, auxquelles on ajoute 6 grammes de sulfate de soude par litre de boisson, lavements d'aloès. Pour combattre les symptômes nerveux donner, par jour, 15 grammes de poudre de camphre délayée dans du miel. Douches d'eau froide sur la tête.

L'expérience a démontré que l'emploi des sétons et des vésicatoires était inutile. La saignée peut être utile ou nuisible, selon les caractères de la maladie.

Le vétérinaire peut seul être juge de l'emploi ou du rejet de ce moyen curatif.

On a eu recours récemment aux inhalations d'éther et de chloroforme pour arrêter la marche des symptômes cérébraux : mais, d'après les auteurs de ces essais, il paraît qu'ils ont été sans succès.

Vers intestinaux. — Le cheval, le mouton et le chien sont de tous les animaux les plus sujets aux vers.

Le tournis, maladie du mouton, est causé par la présence d'une poche formée par un vers, et qui pèse sur la pulpe cérébrale.

La position qu'occupe ce vers est indiquée par les mouvements que fait le mouton. — Il tourne à droite ou à gauche, selon la position du vers, et il lève la tête s'il est au milieu.

La ladrerie, maladie du cochon, est occasionnée par des vers qui se sont fixés au frein de la langue et sous la peau.

La cause la plus ordinaire des maladies vermineuses est due à une mauvaise nourriture.

Or, la première chose à faire ici, c'est de mettre les malades à un régime sain et fortifiant.

Comme vermicide, le meilleur médicament paraît être l'huile empyreumatique, qui s'administre mêlée à de l'eau miellée, à la dose de 50 grammes pour les gros animaux, et à celle de 4 à 10 grammes pour les petits.

Quant au vers qui affecte le cerveau du mouton, c'est par des moyens hygiéniques qu'il faut chercher à le détruire.

CHAPITRE VI.

Maladies des Organes génitaux et des Voies urinaires.

———

Fourreau (Engorgement du). — Tuméfaction de la partie inférieure du fourreau.

Les bœufs sont très-particulièrement sujets à cette maladie.

L'urine irrite, en les touchant, les parties malades : or on comprend qu'une guérison plus ou moins prompte dépend des soins de propreté plus ou moins grands.

Traitement. Bien nettoyer le fourreau *intérieurement* et *extérieurement*, avec des lotions et des injections émollientes faites avec l'eau de graine de lin ou de guimauve, ou tout simplement avec de l'eau de savon tiède.

Si l'affection se prolongeait, faire usage de lotions d'eau de saturne.

Ces pansements, pour être suivis d'un prompt succès, doivent être répétés au moins deux fois par jour.

Il arrive quelquefois qu'un bœuf se défende de manière à ne pas permettre les pansements.

Voici le moyen indiqué par M. Félix Villeroy pour assujettir un bœuf sans l'abattre.

« Le bœuf, dit cet auteur, est attaché court et solide-
« ment à la mangeoire dans un coin de l'étable.

« Un homme, qui le tient par les cornes, le pousse et
« le maintient contre le mur : on lui passe alors entre

« les jambes de derrière une perche polie de manière à
« ne pas l'écorcher. »

Une extrémité de cette perche est fixée à la mangeoire
près et à la hauteur de l'épaule du bœuf : l'autre extrémité est tenue par un homme qui soulève une des cuisses en même temps qu'il appuie le bœuf contre le mur.

Le bœuf ainsi pris reste immobile et laisse faire le
pansement.

Flux d'urine ou diabetès. — *Symptômes*. L'animal
pisse fréquemment ; son urine est abondante, transpa-
rente, incolore ; la fièvre survient, la bouche est sèche,
et la soif ardente ; l'animal maigrit et finit par tomber
dans le marasme.

Traitement. Cette maladie devient incurable, si elle
n'est traitée dès son début, et avant que l'animal ait
perdu toutes ses forces.

Au début, faire usage, chaque jour, du bol suivant
de White contre le diabetès.

> Opium pulvérisé. . . . . 4 grammes.
> Gingembre. 8
> Quina jaune. 15
> Miel (quantité suffisante pour un bol).

Si au bout de quatre ou cinq jours ce bol n'a pas produit les effets désirables, il faut y substituer l'usage du
bol suivant :

> Émétique pulvérisé . . . . 8 grammes.
> Opium. 4
> Miel (quantité suffisante pour un bol).

Nourriture substantielle et de facile digestion ; mêler
à son eau un verre d'eau de chaux légère.

Matrice (Inflammation de la). — Cette maladie a

pour cause ordinaire les moyens violents et mal dirigés pour hâter la sortie du veau.

Symptômes. Contractions de la matrice semblables à celles qui ont lieu lors de la parturition ; le vagin et la vulve sont rouges, tuméfiés et secs d'abord , puis ils s'humectent d'une matière fétide ; la sécrétion du lait est diminuée ou supprimée complétement ; l'urine devient rare et colorée.

Traitement. Breuvage adoucissant et abondant : de l'eau blanchie avec la farine d'orge ; cataplasmes sur les reins.

Injections d'eau de graine de lin ou de lait dans la matrice, s'il n'en sort aucun écoulement ; et s'il en sort une matière ·de mauvaise odeur, les injections seront faites avec des infusions d'absinthe, de thym ou de mélisse, et seront continuées jusqu'à ce que le flux revienne à une bonne nature ; ne donner que peu de nourriture pendant la convalescence : des racines cuites de préférence.

Paraphymosis. — Allongement du membre avec étranglement du fourreau qui ne permet pas à la verge de se retirer.

Cet accident arrive au cheval pour avoir sailli une jument bouclée ou un cheval.

Cette maladie exige les soins exclusifs du vétérinaire.

Phimosis. — Rétrécissement du fourreau, qui empêche le cheval de tirer sa verge pour pisser.

Comme il se forme toujours entre le fourreau et la verge de l'humeur et des ulcères, il faut recourir à un débridement qui est de la compétence du vétérinaire.

Pissement de sang *produit par des plantes âcres et par de jeunes pousses d'arbres que le cheval et le bœuf*

6

mangent dans le pâturage des taillis et des marais. — Ramener le cheval à l'écurie.

Eau blanchie avec de la farine d'orge, boissons mucilagineuses : lavements émollients : compresses d'eau froide sur les reins.

Si la maladie persiste : saignée.

Pissement de sang. — Pour le bœuf on remplace avec avantage les boissons mucilagineuses par du lait caillé (1 à 2 litres par jour).

Reins (Inflammation des). — *Symptômes.* L'animal se met très-souvent dans l'attitude ordinaire qu'il prend quand il veut pisser : urines rares, colorées ou sanguinolentes ; si la suppression de l'urine est complète, alors il y a fièvre ; si on presse les lombes, l'animal fléchit sous la douleur qu'il ressent.

Traitement. Saignée copieuse, qui sera renouvelée si l'inflammation ne cède pas à la première ; lavements d'eau de guimauve ; saupoudrer les reins avec un peu de farine de moutarde, les recouvrir ensuite avec une couverture de laine ; purgatif : *s'abstenir ici complétement des médicaments diurétiques qui seraient nuisibles.*

Rétention d'urine *causée par une longue course pendant laquelle on n'a pas laissé pisser le cheval.* — *Symptômes.* Coliques très-vives, efforts violents du cheval pour pisser ; une légère saignée suffit pour calmer le cheval et le guérir.

Lavements émollients d'abord, puis lavements excitants de valériane et de fleurs de camomille.

OBSERVATION. *Dans tous les cas de rétention d'urine, l'emploi du sel de nitre et des diurétiques en général est inutile sinon nuisible.*

Rétention d'urine *causée par la présence d'un excrément durci dans le rectum.* — Retirer l'excrément avec la main si un lavement n'a pu l'expulser; purgatif doux; boissons mucilagneuses.

Sarcocèle. — Tumeur dure, indolente qui a son siége dans les testicules, et qui a pour cause la plus ordinaire un coup violent sur cet organe.

Les remèdes sont impuissants : il faut recourir à la castration.

Vessie (Inflammation de la). — *Symptômes.* Efforts presque continuels pour pisser; urines rares et accompagnées de douleurs vives; accélération du pouls.

Traitement. Saignée, breuvages adoucissants miellés; lavements répétés de graine de lin.

Chaque jour le bol suivant.

> Camphre pulvérisé. . . . . 4 grammes.
> Réglisse pulvérisée. 12
> Miel (quantité suffisante pour faire un bol).

Si l'on n'obtient aucun soulagement, supprimer le bol et le remplacer par 4 grammes d'opium dissous dans un breuvage adoucissant.

Si la constipation aggrave la maladie, donner 8 onces d'huile de ricin.

CHAPITRE VII.

Maladies des Organes respiratoires.

Bronches (inflammation des). — *Causes.* Suppression de la transpiration, boissons prises trop froides, passage subit du froid au chaud.

Dans la première période, il y a toux plus ou moins forte ; fièvre, abattement, inappétence, soif plus ou moins vive.

Dans la seconde période, la fièvre cesse, l'appétit revient, et pendant les accès de toux, l'animal rejette par les narines des mucosités d'une abondance et d'une couleur qui varient suivant la durée de la maladie.

Traitement. Si la bronchite est intense, pratiquer, dès le début, une saignée, couvrir modérément l'animal, le mettre dans une écurie saine, dont la température sera légèrement chaude, repos absolu ; des aliments rafraîchissants en petite quantité ; pour boisson, de l'eau blanchie avec de la farine d'orge.

Donner trois fois par jour le breuvage suivant :

> Feuilles de bourrache.. . . . . 200 grammes.
> Eau. . . . . 2 litres.

Faire bouillir pendant un quart d'heure et passer à travers un linge. Ajouter :

> Miel commun. . . . . 200 grammes.
> Vinaigre.. . , ... 3 cuillerées à soupe.

A faire prendre en une seule fois.

6.

Le breuvage suivant est aussi recommandé :

Feuilles d'oseille. . . . .   2 poignées.
Eau. . . . .   2 litres.

Faire bouillir pendant un quart d'heure ; passer dans un linge et ajouter :

Miel. . . . . 150 grammes.

Au déclin de la maladie, et lorsque les mucosités ne seront plus rejetées qu'en très-petite quantité par les narines, on reviendra, *mais graduellement*, aux rations alimentaires ordinaires ainsi qu'au travail.

Donner alors, *matin* et *soir* et deux heures avant les repas, le bol tonique suivant :

Poudre de guimauve. . . . .   30 grammes,
Poudre de réglisse.   20
Kermès minéral.   5
Miel (quantité suffisante pour un bol).

Lorsque tous les symptômes de la maladie auront disparu, administrer ce purgatif :

Sulfate de soude. . . . . 400 grammes.
Décoction de guimauve. . . . .   1 litre.

Faire dissoudre.

Cornage. — Cette maladie, ou plutôt cette infirmité, qui est placée parmi celles qui donnent lieu à la rédhibition, étant due généralement à un vice de conformation des cavités nasales et du larynx, nous n'avons point à nous en occuper ici.

Pommelière OU PHTYSIE PULMONAIRE DES VACHES LAITIÈRES. — Les vaches laitières, surtout à Paris où ces animaux vivent dans des quartiers et des étables malsains, sont très-souvent affectées de phtysie pulmonaire, vulgairement appelée *pommelière*.

Comme cette maladie, qui se reconnait à une toux faible et fréquente, au poil piqué, à la peau sèche et adhérente aux os, à un flux plus ou moins abondant par les naseaux, comme cette maladie est incurable, les nourrisseurs s'empressent de vendre les animaux malades aux bouchers qui, sans le moindre scrupule de conscience, empoisonnent les consommateurs avec ces chairs malsaines.

Poumons (Inflammation des). — Dans la médecine vétérinaire, il n'est pas nécessaire, comme dans la médecine humaine, de faire une distinction entre l'inflammation des poumons et l'inflammation de la plèvre, membrane qui enveloppe ces organes, par cette raison que, chez le cheval, la plèvre et les poumons se trouvent souvent affectés en même temps, et que le traitement est le même. L'invasion de cette maladie est toujours rapide, et sa guérison dépend des soins empressés à la combattre à son début.

Causes. Suppression brusque de la transpiration, excès de travail, aliments détériorés ou de mauvaise qualité, écuries malsaines, humides.

Symptômes. Frissons, abattement, refus d'aliments, parfois coliques légères, chaleur à la peau, sueurs générales ou partielles à l'encolure, au plat des cuisses, respiration gênée, entrecoupée, courte ; expiration lente, difficile, prolongée ; en frappant sur la base de la poitrine, on obtient un son mat, qui indique, soit une congestion sanguine, soit un épanchement séreux interposé entre les parois de la poitrine et les poumons. Jetage jaune, rouillé, strié de filets de sang, analogues à l'expectoration de l'homme.

Traitement. Saignée copieuse qui sera renouvelée si

elle n'a pas, vers la douzième heure, modifié la maladie ; cette saignée sera, bien entendu, proportionnée à la force et à l'âge de l'animal et à la plénitude du pouls.

Le deuxième jour, deux nouvelles saignées, mais petites et faites l'une le matin et l'autre le soir.

Vésicatoire ou séton.

Frictions sèches sur le corps et les jambes, mais dans le cas seulement où le jetage sera bien établi, autrement ces frictions augmenteraient l'excitation générale.

Breuvages tièdes, adoucissants et miellés ; s'il y a constipation : lavements adoucissants, huileux.

Pour faciliter la résolution, donner, pendant quatre ou cinq jours de suite, le matin à jeun, cette boisson émétisée :

<pre>
Eau tiède.. . . . .   1 litre.
Emétique.. . . . .   2 grammes.
</pre>

Faire dissoudre et ajouter :

<pre>
Farine d'orge.. . . . .   1 poignée.
</pre>

Mêler.

Le sixième jour et les jours suivants, donner, le matin, cet électuaire :

<pre>
Poudre de réglisse. . . . . 40 grammes.
Kermès minéral. 10
Miel blanc.. 250
</pre>

Mêler.

Écurie bien aérée, — l'air impur et humide serait funeste, — litière toujours fraîche ; tenir chaudement le corps et les oreilles de l'animal, à l'aide de couvertures de laine et d'un capuchon.

Nourriture rafraîchissante, légèrement laxative, qui

sera remplacée graduellement par une nourriture substantielle à mesure que l'amélioration se fera sentir.

Convalescence. La convalescence de cette maladie demande des soins incessants, car une rechute est presque
toujours mortelle.

Donner d'abord de l'eau de gruau, et lorsque l'appétit commence à revenir, y substituer de petites doses
d'avoine préalablement infusée pendant dix minutes dans
de l'eau bouillante ; foin très-sain, et qu'il faudra bien
secouer pour en détacher la poussière.

Si le temps est favorable, de courtes promenades au
soleil, en ayant soin de bien couvrir l'animal.

Suivant la loi du 20 mars 1838, cette maladie est
mise au nombre des maladies qui donnent lieu à la
rédhibition.

Poumons (inflammation contagieuse des). — Cette
épizootie, qui frappe spécialement la race bovine, est un
grand fléau pour l'agriculture.

Ses causes sont inconnues, et la science est malheureusement impuissante ici.

Tous les remèdes secrets que préconisent des charlatans pour cette maladie sont sans force contre elle : ce
sont tout simplement des lettres de change tirées sur
la crédulité des agriculteurs.

On a indiqué l'inoculation comme moyen préventif
de cette affection ; mais les expériences faites à cet égard
sont encore à l'état d'étude et n'ont eu rien encore de
concluant.

Le plus sage parti à prendre, c'est de recourir aux
soins d'un vétérinaire éclairé, qui, en étudiant, suivant
les préceptes de Vicq d'Azyr, l'influence des eaux, du

temps et des lieux, pourra soustraire un troupeau au contact de cette terrible épidémie.

Le conseil que nous donnons ici de faire appeler le vétérinaire s'applique également à toutes les affections de poitrine, qui sont toujours d'une très-grande gravité.

Des soins mal entendus peuvent compromettre la vie des animaux, ou tout au moins altérer leur santé et les mettre dans l'impossibilité de rendre les services auxquels ils étaient destinés.

Pousse. — Cette maladie, qui donne lieu à la rédhibition, paraît être occasionnée par des altérations organiques du poumon produites par des efforts violents ou des courses trop rapides. Cette maladie est incurable : le travail et la nourriture peuvent seuls en modérer les symptômes. La paille et l'avoine doivent être préférés au foin.

Selon M. le comte de Gourcy, on obtient de bons résultats en nourrissant les chevaux poussifs de fourrage haché et mouillé.

Toux, Rhume, Catarrhe. — Si on donnait aux rhumes plus d'importance qu'on ne le fait ordinairement, si on mettait, dès le début de cette maladie, le cheval au repos jusqu'à ce qu'il en soit entièrement débarrassé, on verrait rarement des toux incurables, le cornage, la pousse, etc., maladies devenues si communes. A la première invasion du rhume, faire une saignée proportionnée à la force des symptômes ; puis un purgatif, et pour nourriture : du son et du foin trempé ; tenir les oreilles et le corps chaudement ; boissons émollientes tièdes. Bouchonner l'animal deux ou trois fois par jour sur le corps et les jambes.

Lui donner une bonne litière, qui sera renouvelée et tenue toujours sèche.

Lorsque le rhume a été négligé ou mal soigné, il passe à l'état chronique ou catharral.

Traitement. Vésicatoire à la gorge ; tous les matins, pendant huit jours, le bol expectorant suivant :

> Poudre de seille. . . . .   4 grammes.
> Poudre de gomme ammoniaque. . . . 12
> Poudre d'opium.   2
> Miel (quantité suffisante pour un bol)

Tous les soirs, le bol tonique suivant :

> Canelle pulvérisée. . . . .   6 grammes.
> Émétique pulvérisé..   6
> Opium pulvérisé.   4
> Camphre..   4
> Miel (quantité suffisante pour un bol).

Pour boisson, de l'eau de gruau très-forte. Pour exciter l'écoulement, jeter deux fois par jour dans la mangeoire, immédiatement sous les narines de l'animal, de l'eau de son bouillante.

Toux produite spontanément par du foin ou de l'avoine secs et poudreux. — *Traitement.* Friction sur la gorge avec un linge imbibé d'eau-de-vie camphrée, envelopper le cou et la tête avec une étoffe de laine, humecter les aliments, donner un purgatif si l'animal est constipé.

Donner le matin, et à une demi-heure de distance, le bol et le breuvage anodins de White.

Bol anodin de White.

> Poudre d'opium. . . . .   3 grammes.
> Poudre de camphre..   4
> Poudre d'anis. 15
> Extrait mou de réglisse (quantité suffisante pour un bol).

Breuvage anodin de White.

Opium. . . . . 4 grammes.
Eau ordinaire. 250

Faire dissoudre et ajouter :

Oximel scillitique. 60
Huile de graine de lin fraîche. . . . 60

Bien mêler.

Exercice modéré et au soleil.

TOUX PRODUITE PAR DES VERS INTESTINAUX. — *Symptômes.* Amaigrissement, peau rude et sèche, abattement ; le moindre travail fatigue l'animal ; ses excréments renferment des vers.

Traitement (V. *Vers intestinaux*).

CHAPITRE VIII.

Maladies de la Peau.

———

La plupart des maladies de la peau ont pour causes : la malpropreté, une mauvaise nourriture, des étables ou des écuries mal aérées et humides : il serait donc facile de les prévenir par des pansements quotidiens bien faits, une bonne nourriture, des litières fraîches, et un assainissement bien entendu des étables et des écuries.

Le fermier trouverait une grande économie dans l'usage de ces moyens préventifs, car les maladies de peau sont très-tenaces, et quoique leurs signes extérieurs aient cédé à l'action des médicaments, elles n'abandonnent jamais complétement la vie organique dans laquelle elles apportent souvent des altérations profondes.

Les maladies de peau sont contagieuses : il faut donc isoler les malades, et bien désinfecter leurs harnais avec du chlorure d'oxide de sodium avant d'en garnir les chevaux sains.

Clavelée, claveau, variole, picotte. — Maladie éruptive *contagieuse* et particulière aux moutons.

Heureusement elle n'attaque qu'une seule fois l'animal dans le cours de sa vie.

La durée de cette maladie est en raison directe de la quantité d'animaux qui composent un troupeau ; en moyenne, elle est de 5 à 6 mois ; et seulement de 20 à 30 jours sur un animal isolé.

Symptômes. Taches rouges sur toutes parties du corps dénudées ; ces taches se changent ensuite en pustules qui se dessèchent, forment une croûte qui tombe plus tard et laisse une petite cicatrice.

Traitement curatif. Pour l'appliquer, l'intervention du vétérinaire est indispensable.

Traitement préservatif. Isoler les troupeaux, leur éviter toute communication avec les personnes ou les choses venant d'un lieu infecté : mettre les troupeaux à l'abri du vent qui a passé sur le foyer de l'infection ; ne pas faire sortir les animaux pendant la rosée ou par un temps de pluie ; nourriture tonique et substantielle, mais *en moins grande abondance que de coutume ;* faire baigner les animaux si la saison le permet.

La clavelisation, ou inoculation du claveau, paraît être un moyen préservatif certain.

Voici, d'après M. Delafond, les chiffres comparatifs de mortalité par la clavelée :

Animaux morts sans avoir été clavelisés, 20 à 40 sur 100.

Animaux morts clavelisés, 1 sur 100.

Rien n'est plus éloquent qu'un chiffre !

Dartres. — Sous ce titre sont rangées plusieurs affections de la peau dans lesquelles la sécrétion de l'épiderme se trouve plus ou moins profondément modifiée.

On divise ces affections en *Dartres sèches* et *Dartres humides :*

DARTRES SÈCHES. Ces dartres se remarquent sur la peau qui recouvre les éminences osseuses de la tête, aux coudes, aux ischions, au front, autour de toutes les ouvertures naturelles ; elles consistent en plaques dénudées de poils et sur lesquelles l'épiderme, se déchirant par pellicules minces, tombe sous forme de poussière farineuse.

Traitement. Au début, lotions émollientes, et ensuite deux applications par jour de la pommade sulfureuse simple.

Dartres humides. Les caractères qui appartiennent à cette affection sont les suivants :

Symptômes. Peau rouge injectée ; vésicules nombreuses occasionnant des démangeaisons, se déchirant facilement et laissant échapper un liquide ichoreux et inodore qui agglutine les poils, se concrète et irrite encore les parties qu'il recouvre.

Ces dartres se rencontrent au cou, à la tête, sur les parties déclives, aux testicules, à la partie inférieure des membres, etc.

Elles sont généralement d'une guérison difficile ; elles se font quelquefois remarquer par la tendance qu'elles ont à envahir les tissus sous-jacents et par la rapidité avec laquelle elles progressent ; on leur donne dans ce dernier cas le nom de *dartres rougeâtres.*

Traitement. On doit, avant tout, nettoyer parfaitement la peau, enlever toutes les croûtes et employer pendant quelques jours les bains ou les lotions émollientes afin d'assouplir la peau ; puis deux frictions par jour avec un des liniments contre les dartres humides (V. *Pharmacie*).

Le moyen curatif le meilleur contre la gale du chien est la pommade au biodure de mercure (V. *Pharmacie*).

Deux frictions légères faites en 24 heures suffisent souvent pour guérir le mal.

Démangeaison. — La queue du cheval en est souvent atteinte. On lave la partie malade deux fois par jour avec de l'eau de savon, puis on l'enduit d'essence de térébenthine à l'aide d'un pinceau.

Gale du chien. — Maladie cutanée due à la présence sur la peau d'insectes particuliers désignés sous le nom d'*acares*.

Elle se reconnaît aux caractères suivants : petites vésicules pointues, nombreuses, rapprochées, tendant à se réunir ; ces vésicules se déchirent facilement, et le liquide qui en sort se concrète et forme des plaques croûteuses ; démangeaison insupportable qui force les animaux à se frotter contre les corps étrangers et à se déchirer même avec leurs griffes.

Cette affection se transmet par contagion ; les causes prédisposantes sont les habitations étroites, mal aérées, humides, une nourriture mauvaise ou insuffisante, le manque d'exercice, etc.

Les parties où elles se montrent le plus ordinairement sont les régions où la peau est mince et fine, comme à la face interne des bras, des cuisses, sous le ventre, aux oreilles.

Traitement. Une bonne nourriture, la propreté et un exercice modéré sont les moyens préservatifs de cette maladie.

Quant aux moyens curatifs, ils consistent dans la tonte des animaux, si les poils sont longs ; dans des bains et de fortes frictions savonneuses et dans l'application de l'une ou l'autre des préparations suivantes :

Vinaigre.	1 litre.
Sel de cuisine.	1 poignée.
Poudre de chasse.	2 coups.
Fleur de soufre.	1 poignée.

Faire chauffer jusqu'à ébullition dans un vase de terre ; retirer du feu et ajouter :

Essence de térébenthine. . . . . . . 4 décilitres.

Mêler exactement.

Couper d'abord les poils : frictionner fortement avec une brosse rude toutes les parties du corps, mais surtout celles galeuses. Renouveler cette opération pendant deux ou trois jours. Si le temps est beau, exposer le chien au soleil pendant une demi-heure après chaque friction. S'il fait froid, le tenir chaudement et le faire coucher sur une bonne litière.

Huile de noix. . . . . 500 grammes.
Soufre sublimé. 80
Noix de Galle pulvérisée. 30

Faire chauffer l'huile, y projeter ensuite le soufre par petites quantités; agiter sans cesse avec une spatule en bois ; ajouter la noix de Galle, et laisser le tout au feu pendant une demi-heure.

Pour employer ce liniment, on le fait chauffer à 50 ou 60° ; on frictionne vigoureusement la peau avec un morceau de vieille couverture fixée à l'extrémité d'un bâtonnet. Cette opération doit durer 4 à 5 minutes environ ; puis l'animal est rentré dans un endroit chaud.

Huile de noix.. . . . . 1/4 de litre.
Vinaigre. 1/4
Soufre sublimé. . . . . 30 grammes.
Tabac en poudre. 15
Vert-de-gris en poudre. 10

Mêler le tout, verser dans un vase de grès, chauffer en remuant jusqu'à une température de 60° environ.

On frotte le malade avec un tampon d'étoffe de coton

ou de laine. Six ou huit jours après, on renouvelle la friction, si l'affection n'a pas disparu.

> Sous-acétate de plomb liquide. . . .   30 grammes.
> Huile de colza ou d'olive.   30
> Fleur de soufre..   15

Mélanger ces trois substances par le fouettage au moment de s'en servir. Trois ou quatre embrocations suffisent ordinairement pour guérir la gale du chien.

Gale rouge. — Il est une espèce de gale qui se distingue de la précédente par l'injection très-forte du tissu cutané, injection qui lui a fait donner le nom de *gale rouge.* Elle est plus difficile à guérir que la gale ordinaire. Les moyens qui conviennent à cette dernière et que nous avons fait connaître dans l'article précédent peuvent lui être appliqués; cependant on se trouve généralement mieux de l'emploi des préparations suivantes :

> Axonge. . . . . 500 grammes.
> Sulfate de zinc. 35
> Poudre de cantharides.. 15

Avec cette pommade on frictionne les parties malades, puis on en applique une couche légère sur la peau ; avant de faire de nouvelles applications, on attend que l'effet de la première ait eu lieu, ce qui demande plusieurs jours.

On recommande encore la pommade suivante :

> Graisse de porc. . . . . 760 grammes.
> Soufre sublimé. 180
> Carbonate de potasse. 180

Deux frictions vigoureuses chaque jour.

Gale du cheval. — Couper d'abord les poils : savonner ensuite, *pendant une demi-heure au moins,* toutes les parties du corps, *saines ou malades;* frictionner vigoureusement la peau de manière à n'y laisser aucune croûte.

Six heures après ces pansements et lorsque la peau est entièrement sèche : frictionner les parties malades avec la pommade suivante :

Axonge. . . . . 300 grammes.
Goudron. 100

Bien mêler.

Renouveler chaque jour cette friction jusqu'à la guérison qui ordinairement a lieu en quatre ou cinq jours.

Après la guérison, enlever les corps gras au moyen d'un ou de deux savonnages.

Gale de mouton. — *Symptômes.* L'animal frappe du pied, mord sa toison, et se frotte contre les arbres et les murailles, etc.

En séparant la laine, on aperçoit des taches et des croûtes sèches d'un blanc jaunâtre, et de la largeur d'une lentille : si on enlève la croûte, il en sort un liquide épais, jaunâtre.

Causes. Pâturage pendant les pluies froides de l'automme et, en été, dans des prairies marécageuses et ombragées : transpiration arrêtée ayant pour cause le passage brusque de la température chaude et humide d'une bergerie au froid du dehors.

Comme cette maladie est contagieuse, il faut isoler les malades.

Traitement. (Voir celui indiqué pour la gale du chien).

Poux. — Les jeunes chevaux ont quelquefois des poux qui leur occasionnent des démangeaisons : on les détruit en lavant l'animal avec de l'eau de savon.

Des frictions de benzine sont regardées comme un moyen plus énergique et plus sûr.

Puces. — Ces insectes suceurs pullulent quelquefois tellement, qu'ils tourmentent beaucoup les animaux, les font maigrir et peuvent même, dans certains cas, déterminer une maladie de peau ayant beaucoup d'analogie avec la gale.

Il est facile d'en débarrasser les chiens en les plongeant fréquemment dans un bain d'eau tiède savonneux, et en ayant soin de ne les laisser rentrer dans le chenil qu'après l'avoir nettoyé avec le plus grand soin.

Tiques. — Ce sont des insectes à abdomen volumineux et grisâtre et à tête très-petite, armés de crochets qu'ils implantent dans la peau pour se fixer. Ils déterminent, surtout quand ils sont nombreux, une irritation très-grande et épuisent assez promptement les animaux.

Traitement. Arracher avec la main, ou, pour éviter la douleur aux chiens, couper ces insectes avec des ciseaux ou, mieux encore, frictionner les animaux avec la benzine qui tue la tique instantanément.

CHAPITRE IX.

Maladies de la Rate.

Sang de rate. — Maladie épizootique qui frappe spécialement l'espèce ovine.

Causes. L'encombrement des bergeries, l'air vicié qui en résulte, la malpropreté des étables, le passag brusque de l'animal qui a respiré pendant toute une longue nuit d'hiver un air ammoniacal chaud, dans l'atmosphère froide du matin, les eaux bourbeuses et saturées de décompositions végétales et animales, telles sont les causes principales de l'altération profonde du sang chez ces animaux.

Cette maladie est contagieuse même pour l'homme ; il faut donc comme pour les animaux atteints du farcin et de la morve, que ceux qui les soignent soient très-prudents (V. *Chairs d'animaux morts de contagion*).

Symptômes. Tremblement du corps, anxiété, perte de l'appétit, suppression du lait, respiration courte, bouche sèche, œil hagard. Tous ces symptômes ne sont pas, du reste, très-caractéristiques, car il arrive quelquefois que des animaux atteints de ce mal ne cessent de manger jusqu'au moment de leur mort.

Cette maladie est trop grave pour ne pas recourir immédiatement aux soins éclairés d'un vétérinaire ; nous n'indiquerons donc ici aucun traitement.

7.

Nous dirons toutefois que lorsque le sang de rate attaque un troupeau de moutons, ce qu'il y a peut-être de mieux à faire c'est de les changer immédiatement de localité, de les dépayser.

CHAPITRE X.

Maladies de la Tête et de ses appendices.

—

Angine (Inflammation de l'arrière - bouche). —
Il y en a de diverses sortes. Nous ne parlerons ici que
de l'angine simple que l'on guérit par des boissons émollientes, des sinapismes.

Quant aux angines trachéales et laryngées, aux angines couenneuses, gangréneuses, elles sont trop graves
pour ne pas en appeler de suite aux soins éclairés d'un
vétérinaire.

Angine simple. — *Causes.* Refroidissement, des
boissons prises trop froides, l'inspiration de gaz irritants.

Symptômes. Toux, déglutition difficile; la bouche est
chaude.

Traitement. Repos, breuvage émollient d'orge miellé ; envelopper la gorge avec une étoffe de laine.

Si l'angine simple persiste malgré ce traitement, il
faut appeler le vétérinaire pour éviter que l'angine ne se
complique d'accidents plus graves.

Dans les espèces bovine et ovine, l'angine ressemble
beaucoup au catarrhe nasal, et elle amène quelquefois
la mort par suffocation.

Aphtes.—Petits ulcères plus ou moins profonds, plus
ou moins larges, qui attaquent toutes les parties de la
bouche ou de la *gueule des animaux.*

Cette maladie peut prendre un caractère épizootique.

Cause. Herbes âcres des pâturages.

Traitement. Pour boisson, de l'eau blanche. Aliments rafraîchissants.

Avis essentiel. En tout temps, et surtout dans les cas d'épizootie, si le cultivateur voit ses chevaux tristes, sans appétit, il doit examiner leur bouche.

Bouche tendre chez les jeunes chevaux. — La dentition amène quelquefois de l'inflammation dans la bouche et gêne la mastication.

Traitement. Laver souvent la bouche avec le mélange suivant :

Eau.	1 verre.
Miel.	2 cuillerées.
Alun en poudre.	6 grammes.

Faire dissoudre l'alun dans l'eau et ajouter le miel. Ramollir l'avoine dans l'eau bouillante.

Catarrhe auriculaire chez les chiens. — Inflammation de la muqueuse de l'oreille externe, due le plus ordinairement à la malpropreté, à la présence dans le conduit auditif de corps étrangers venus du dehors ou formés par l'accumulation du cérumen ; cette affection est souvent difficile à guérir et peut amener la surdité.

Caractères principaux. Le chien est triste, sans cesse tourmenté par une démangeaison insupportable; il se gratte avec une sorte de fureur, secoue les oreilles avec violence. A l'exploration, il y a manifestation d'une sensibilité exagérée qui porte l'animal à se défendre. La muqueuse qui tapisse la face interne de la conque est rouge, enflammée et parfois même ulcérée, si la maladie est ancienne et qu'elle ait été négligée. Il existe encore au début un écoulement séreux, lequel devient ensuite sanguinolent et d'une nature semblable à celle du pus.

Traitement. Au commencement de la maladie, soins de propreté, injections avec une décoction de têtes de pavots (2 dans un litre d'eau); on a ensuite recours à *l'une* ou *l'autre* des préparations astringentes suivantes :

Doses. . . { Noix de galle. . . . . . 30 grammes.
{ Eau ordinaire. . . . . . 4 décilitres.

Doses. . . { Alun. . . . . 32 grammes.
{ Eau ordinaire.. 1,000

Doses. . . { Extrait de saturne.. . . 32
{ Eau ordinaire 1,000

En même temps, on emploie les dérivatifs cutanés (sétons au cou) et les purgatifs.

Lorsque la maladie est rebelle, on se trouve bien alors de la solution suivante, employée à l'aide d'une seringue à injection :

Nitrate d'argent. . . . . 50 grammes.
Eau distillée. 1,000

Chancres aux oreilles. — Cette affection consiste dans une échancrure plus ou moins profonde du bord de la conque auriculaire. Elle se rencontre surtout sur les chiens dont les oreilles pendantes, longues, sont exposées à être blessées, soit par les broussailles ou les chaumes dans lesquels les animaux chassent, soit par la dent d'autres chiens.

Symptômes. L'animal se gratte, secoue la tête qu'il tient ordinairement penchée du côté malade, et irrite ainsi de plus en plus un mal qui, d'abord simple et de peu d'étendue, ne tarde pas à se tuméfier et à prendre un caractère tout à fait ulcéreux. La carie, s'emparant alors du cartilage, s'étend de proche en proche, produit une échancrure qui, tendant sans cesse à augmenter, surtout si l'animal est peu docile ou mal soigné, peut, en se propageant aux autres parties de la tête, occasionner des accidents quelquefois très-graves.

Traitement. Entretenir la plaie toujours propre ; empêcher les animaux de se frotter ou de secouer les oreilles. Pour cela, employer le béguin, sorte de coiffe qui tient les oreilles relevées sur le sommet de la tête et s'oppose à leurs mouvements. Préférer le béguin en filet au béguin en toile qui échauffe les oreilles et peut déterminer un catharre auriculaire. Si les bords de la plaie sont calleux, les rafraîchir et faire, deux fois par jour, des lotions avec la préparation suivante :

Deuto-chlorure de mercure...... 1 gramme.
Eau distillée, ... 1 litre.

Si la maladie résiste, cautériser avec le nitrate d'argent ou même le fer rouge.

Dans tous les cas, quelque traitement que l'on suive, ne pas cesser l'emploi des béguins, car on ne doit pas oublier que sans l'immobilité des oreilles, il est impossible de réussir.

Cornes (Maladies des). — Les cornes sont implantées sur des os qui communiquent avec les os du front, et ces derniers avec les fosses nasales ; or, lorsque celles-ci sont enflammées, cette inflammation se propage et peut arriver jusqu'à la base des cornes.

Alors les cornes sont chaudes, douloureuses, les poils qui les entourent sont humides, la peau est rouge, sensible, la partie inférieure de la gaîne qui recouvre l'os est mobile et finit quelquefois par se décoller. Dans ces cas, il y a fièvre.

Traitement. Diminuer la ration alimentaire ; aliments légers, rafraîchissants.

Faire sur la partie douloureuse des lotions *tièdes* avec une décoction de guimauve, de graine de lin et de pavots ; ensuite, frictions avec l'onguent populéum ou mieux avec la pommade suivante :

> Axonge. . . . . 50 grammes.
> Extrait de belladone. 10

Mêler.

Si, par la persistance du mal, on soupçonne un dépôt de pus sous les cornes, il faut les perforer avec une vrille, afin de donner écoulement au liquide.

Mais la maladie étant arrivée à cette période, il sera plus prudent de faire appeler le vétérinaire, qui jugera peut-être la trépanation nécessaire.

Cornes (Fractures des). — Si la fracture est incomplète, on peut, au moment de l'accident, remettre la corne dans sa position naturelle et la fixer au moyen d'une bande imbibée de blancs d'œufs et roulée de manière à fixer solidement la corne.

L'animal sera attaché de telle sorte qu'il ne puisse déranger l'appareil en se heurtant contre un corps dur.

Bien faite, l'opération réussira.

Si la corne est complétement décollée dans tout le pourtour de sa base, en couvrir le noyau avec un linge bien enduit d'un mélange de deux parties d'huile sur une partie de goudron : fixer cet appareil avec un bandage et le laisser jusqu'à guérison. On voit souvent la corne renaître sous l'influence de ce moyen très-simple.

Si de la fracture il résulte une hémorragie, on couvre immédiatement la plaie de compresses imbibées d'eau fortement vinaigrée ou d'alcool à 36°, et que l'on maintient jusqu'à ce que l'hémorragie ait cessé.

Il arrive quelquefois que ce moyen est impuissant, alors on a recours à la cautérisation par le fer rouge.

L'écoulement du sang étant arrêté, il n'y a plus qu'à tenir sur la plaie d'épaisses compresses d'eau froide qui seront renouvelées jusqu'à ce que la cicatrisation soit suffisamment consolidée.

S'il s'établit une suppuration, panser la plaie deux fois par jour avec la teinture d'aloès, puis la saupoudrer avec du charbon végétal pulvérisé.

Coryza, Rhume de cerveau. — Maladie qui a son siége sur les muqueuses des fosses nasales.

Coryza du cheval. — Le coryza aigu du cheval a pour causes : des courants d'air, une température trop élevée des écuries.

La persistance du vent du nord-est, l'aspiration de poussières ou de vapeurs irritantes.

Symptômes. Écoulement par les narines d'un liquide blanc jaunâtre.

Traitement. Nourriture rafraîchissante, barbotage, son mouillé, boissons tièdes de graine de lin ou de guimauve légèrement miellées.

Couvrir l'animal, lui bouchonner les jambes soir et matin, lavements de graine de lin huileux, travail modéré.

La durée de la maladie bien soignée est ordinairement de huit à douze jours.

Si le mal se prolonge et passe à l'état chronique, il faut employer les fumigations de goudron.

Ces fumigations se pratiquent à l'aide d'un manchon de toile dont les deux extrémités recouvrent, l'une la tête de l'animal, et l'autre un vase contenant du goudron qui vient d'être chauffé à 50 ou 60°.

Faire deux ou trois fois par jour, dans les fosses nasales, des injections tièdes d'eau de goudron.

L'eau de goudron se prépare en versant sur trois à quatre cuillerées de goudron un litre d'eau bouillante : après avoir agité le mélange, on le laisse reposer pendant une heure.

On jette cette première eau comme impropre, on verse sur le goudron un nouveau litre d'eau, on agite, puis on laisse reposer pendant une heure.

Cette eau décantée servira aux injections.

Le même goudron peut servir à cinq ou six préparations semblables.

CORYZA DES BÊTES BOVINES. — Cette maladie sévit avec plus d'intensité sur le bœuf que sur le cheval, et amène souvent des accidents fâcheux, comme, par exemple, la trépanation des cornes.

Employer le traitement antiphlogistique indiqué pour le coryza du cheval, mais en faisant appel en même temps aux lumières d'un vétérinaire.

CORYZA DES BÊTES OVINES. — *Causes.* Pluie froide, fraîcheur des nuits pendant le parcage, larves d'insectes dans les sinus de la tête.

Traitement. Se borner à des soins hygiéniques.

CORYZA DU PORC. — Maladie pernicieuse et toujours mortelle.

CORYZA, MORVE DES CHIENS. — Affection qui a principalement son siége sur les muqueuses digestives et respiratoires ; tous les chiens la contractent avant l'âge de douze à quinze mois. Bien que cette maladie n'ait pas constament une très-grande intensité et que les animaux élevés à la campagne n'en soient ordinairement que faiblement atteints, elle n'en exige pas moins toujours de très-grandes précautions.

Symptômes particuliers à cette maladie. — 1re période. Tristesse, stupeur, dépérissement plus ou moins grand ; la membrane nasale est le siége d'une sécrétion plus ou moins abondante ; les yeux sont larmoyants et chassieux ; faiblesse des membres qui arrive quelquefois à ce point que l'animal a de la peine à marcher, à se porter même. Il secoue la tête, tousse fréquemment et fait entendre en respirant une sorte de ronflement.

2e *période.* La maladie a envahi l'appareil digestif; il y a alors inappétence complète, vomissements répétés, diarrhée ou constipation accompagnée souvent de coliques plus ou moins violentes.

Enfin, il est des cas où l'affection se traduit par des spasmes, des convulsions, des attaques épileptiformes qui persistent souvent après la guérison (V. *Chorée, Épilepsie*).

Traitement. Il varie suivant l'appareil d'organes affectés.

1re *période.* Au début, on emploie avec avantage les préparations suivantes :

Doses... { Émétique......... 25 à 50 centigr.
{ Lait tiède coupé...... 3 à 4 décilitres.

Autre formule.

Doses... { Émétique......... 0,1 décigramme.
{ Eau tiède......... 1/2 verre.

Autre formule.

Doses... { Kermès......... 0,6 décigrammes.
{ Lait tiède......... 1/2 verre.

Souvent encore, au début, les évacuants obtiennent du succès. Le sirop de nerprun, l'huile de ricin et le sulfate de soude doivent être choisis de préférence (dose de 50 à 80 grammes).

A cette même époque, on obtient aussi de bons résultats de l'emploi de l'ipécacuanha (50 à 60 centigrammes, ou même de 1 à 2 grammes) délayé dans un demi-verre d'eau tiède.

Les poudres suivantes produisent encore, dit-on, des effets merveilleux :

Ipécacuanha pulvérisé..	1 gramme.
Soufre doré d'antimoine.	50 centilitres.
Sucre..	4 grammes.

à prendre en trois ou quatre doses, après avoir été parfaitement mélangées et divisées en huit parties.

Poudre de racine d'angélique.	2 grammes.
Poudre de quinquina.	2
Camphre. . . . . : . . .	16 centigr.

en trois doses données trois fois par jour, après avoir été mélangées avec du beurre.

Un remède vulgaire consiste à faire avaler au malade une pincée de sel de cuisine qui produit quelques vomissements et guérit souvent en peu de temps.

Dans tous les cas d'administration de médicaments irritants, et *les purgatifs sont de ce nombre,* il est nécessaire d'en surveiller l'action si l'on veut éviter qu'ils ne produisent une superpurgation qui pourrait devenir mortelle.

Si la bronchite persiste, il faut recourir à la saignée, aux sétons, aux vésicatoires. Pour boisson, du lait, de l'eau de guimauve ou de lin sucrée avec le miel.

2e période. *Forme diarrhéique.* La potion suivante a souvent produit de bons effets :

Alun. . . . .   4 grammes.
Colombo en poudre.   6
Mêlés avec une décoction d'orge. . . 220

Si, par suite de cette diarrhée, l'animal reste faible, on emploie avec avantage la pâte qui suit, laquelle est donnée une fois par jour pendant dix, quinze ou vingt jours, suivant le cas :

Viande de bœuf hachée, pain émietté
  et bouillon. . . . . 250 grammes.
Quinine brute dissoute dans une goutte
  d'acide sulfurique. . . . . 40 centigr.

Si l'animal a des spasmes, des convulsions, donner la préparation suivante :

Assa-fœtida. . . . .   4 à 12 grammes.
Décoction de valériane. . . . .   2 décilitres.

Immobilité. — Le cheval immobile reste presque sans mouvement à la place où on l'a mis ; si on lui croise les membres antérieures, il reste dans cette position. Il ne peut reculer ou ne le fait qu'avec peine.

Maladie incurable. Il faut se défaire de l'animal ; s'en servir serait dangereux.

Tics des bêtes à cornes. — Ces maladies sont incurables ; mais comme elles se communiquent par imitation, il faut donc séparer des autres bêtes celle qui en est atteinte.

Il y a des tics que les animaux contractent par l'ennui que leur cause la disette des fourrages ; ces tics se passent lorsque revient l'abondance.

Vertige cérébral. — Congestion sanguine et instantanée vers le cerveau ; elle frappe soudainement les animaux et les prive de sentiment et de mouvement. Parfois elle cause de violentes convulsions et un délire furieux.

Ces symptômes sont ceux du vertige abdominal ; seulement ici le malade est moins agité, moins furieux, ce qui a fait donner au vertige cérébral par quelques auteurs le nom de *vertige tranquille*, pour le distinguer de l'autre.

Causes. Nourriture échauffante, fatigues excessives sous un soleil brûlant, coups sur la tête et la colonne vertébrale, chute violente, grands efforts de traction, harnais mal appliqué et gênant la circulation.

Traitement. Débarrasser d'abord l'animal de tout ce qui peut gêner la circulation du sang, pratiquer ensuite une saignée copieuse ; donner le lavement suivant :

Sel de cuisine.	1 poignée.
Savon noir.	75 grammes.
Eau chaude.	2 litres.

Faire dissoudre.

Appliquer sur le crâne et sur la colonne vertébrale d'épaisses compresses bien imbibées d'eau de puits froide, salée et vinaigrée. Pendant l'hiver, l'usage de la glace est préférable.

Après deux heures de ce traitement, faire sur les jambes, et *de bas en haut*, de fortes frictions sèches avec un bouchon de foin ou de paille.

Donner le lavement suivant en deux fois à un quart d'heure d'intervalle.

Feuilles de mercuriale.	3 poignées.
Eau.	4 litres.

Faire bouillir un quart d'heure.

Passer et ajouter :

> Sulfate de soude. . . . . 180 grammes.
> Miel commun. 80

Faire fondre.

Diète absolue; pour breuvage, de l'eau blanchie et nitrée (4 à 5 grammes de sel de nitre et 5 à 6 poignées de farine d'orge pour un seau d'eau).

Cette maladie étant très-grave, il faut, les premiers soins étant donnés, faire appeler le vétérinaire.

Vertige essentiel, Encéphalite. — Inflammation locale du cerveau.

Causes. Chocs, commotions violentes, coups sur le crâne.

Les grandes chaleurs donnent souvent le vertige aux chevaux de labour mal nourris et surmenés.

Symptômes. Douleurs vives, atroces, qui portent l'animal à se jeter la tête contre les murs; parfois il cherche à mordre; à ces transports de fureur succèdent l'abattement et la somnolence. Il refuse tout aliment; le pouls est petit, la respiration lente.

Chez le bœuf, la stupidité, l'incertitude dans la marche précèdent les accès de fureur.

Le vertige essentiel est une maladie presque toujours mortelle; si elle ne tue point l'animal, elle le prive pour toujours d'une partie de ses facultés; elle est sujette à la récidive.

Traitement. Saignées répétées suivant l'intensité du mal, effusions d'eau froide sur la tête, application de glace pilée si cela est possible, sinapismes aux jambes, vésicatoire au poitrail.

A l'intérieur, des purgatifs énergiques.

Dans la période de ramollissement et lorsque les symptômes inflammatoires auront disparu, donner des aliments toniques pour relever les forces de l'animal épuisées par la maladie.

Nota. La saignée et les réfrigérants, *bons dans la période aiguë*, seraient *nuisibles dans ce dernier cas.*

Yeux (Inflammations des). — Ces maladies étant différentes de leur nature, le traitement doit nécessairement varier.

Il est donc parfaitement absurde de croire à l'efficacité de ces remèdes que les charlatans proposent comme des panacées pour toutes les affections des yeux.

Ces maladies sont si complexes, que le vétérinaire peut seul en connaître la nature et en prescrire le traitement.

OPHTHALMIE SIMPLE. — Nous ne parlerons ici que de cette ophthalmie qui a pour causes l'introduction d'un corps étranger entre le globe de l'œil et la paupière, une piqûre de mouche, un coup sur l'œil avec la mèche d'un fouet, une écurie humide et malsaine, des frottements sur l'œil contre les mangeoires.

Symptômes. L'œil est rouge, impressionnable à la lumière, les paupières sont gonflées, sensibles; un suintement d'une matière séreuse, âcre, de couleur variable, s'en échappe et agglutine les cils. Parfois l'animal a de la fièvre, de la tristesse, du dégoût pour les aliments; il baisse la tête et tient presque toujours les yeux fermés.

Traitement. Examiner l'œil pour s'assurer si l'inflammation ne serait pas due à la présence d'un corps étranger; dans ce cas, l'extraire. S'il y a fièvre, saignée proportionnée à l'intensité de l'inflammation et à la force de l'animal.

Bassiner l'œil plusieurs fois par jour avec du lait tiède ou avec une décoction de têtes de pavots, appliquer ensuite d'épaisses compresses imbibées de *collyre émollient contre l'ophthalmie simple.*

Observations. Tous les collyres doivent être employés tièdes.

Collyre émollient contre l'ophthalmie simple.

Tête-de pavot, n° 1.
Fleurs de mauve ou de guimauve. . . 1 poignée.

Mettre dans

Eau bouillante. . . . . 1 litre.

Laisser infuser pendant une demi-heure et passer à travers un linge.

Autre collyre émollient contre l'ophthalmie simple.

Racine de guimauve ou graine de lin. 30 grammes.
Eau. . . . . une demi-bouteille.

Faire bouillir pendant dix minutes, passer à travers un linge ou un tamis de crin. Ajouter :

Laudanum de Sydenham. . . . . . . 10 gouttes.

Autre collyre émollient.

Eau chaude. . . . . 60 grammes.
Gomme arabique pulvérisée. 15

Faire dissoudre et ajouter :

Laudanum de Sydenham. . . . . . . 15 gouttes.

Bien mêler.
Ce collyre est employé avec succès, en compresses im-

bibées et en lotions, contre les inflammations des paupières.

Autre collyre émollient.

Feuilles de guimauve sèches. . . . . 30 grammes.
Tète de pavot, n° 2.
Eau bouillante. . . . . 1 litre.

Faire infuser pendant quinze minutes.
Passer et délayer.

Amidon. . . . . 15 grammes.

Lavements d'eau de guimauve *ou* de graine de lin, ou
bien lavements d'eau de son ou d'eau salée.

Tous les trois ou quatre jours un purgatif donné le
matin à jeun.

Aliments de facile digestion et en petites quantités.
Boissons adoucissantes.

L'inflammation ayant cessé, si les paupières sécrètent
de l'humeur, les bassiner plusieurs fois par jour avec
un des collyres astringents contre l'ophthalmie simple.

Nota. Si les collyres *émollients* doivent être employés
tièdes, les collyres *astringents* doivent être employés
froids.

Collyre astringent contre l'ophthalmie simple.

Tète de pavot, n° 1.
Eau. . . . . 1 verre.

Faire bouillir pendant 5 minutes.
Passer à travers un linge.
Ajouter :

Faire bouillir pendant cinq minutes.
Passer à travers un linge. Ajouter :

Laudanum de Sydenham. . . . . . . 20 gouttes.
Sulfate de zinc. . . . . 50 centigrammes.

Remuer le mélange jusqu'à ce que le sulfate de zinc
soit entièrement dissous.

Autre collyre astringent contre l'ophthalmie simple.

Feuilles de laitue.. . . . . une demi-poignée.

Faire bouillir pendant dix minutes;
Passer à travers un linge.
Ajouter :

Extrait de saturne. . . . . 2 grammes.

Mêler.

Autre collyre astringent.

Fleurs de sureau. . . . . une demi-poignée.
Eau. . . . . 1 verre.

Laisser infuser pendant un quart d'heure.
Ajouter :

Vin de Bordeaux. . . . . 3 cuillerées.

Mêler.

Autre collyre astringent.

Eau ordinaire. . . . . 250 grammes.
Sous-carbonate de plomb (extrait de
saturne). 4

Bien mêler.

Si, après quinze jours de traitement, aucun résultat satisfaisant n'était obtenu , il faudrait consulter le vétérinaire ; car, alors, l'ophthalmie se compliquerait d'une autre maladie dont les symptômes ne sauraient être reconnus que par lui.

La loi du 28 mars a mis l'ophthalmie intermittente au nombre des maladies rédhibitoires. Pour tout animal atteint de cette maladie et récemment acheté, il est prudent de consulter de suite l'homme de l'art, pour, si l'ophthalmie existe réellement, ne pas perdre les délais accordés pour la garantie.

CHAPITRE XI.

Petite Chirurgie.

———

Quand un animal est grièvement blessé, la première chose à faire, c'est de le mettre dans de bonnes conditions hygiéniques.

Une bonne nourriture, des soins de propreté, un régime doux, une litière fraîche, une écurie saine et bien aérée, ont plus d'influence qu'on ne pense généralement sur la cicatrisation des plaies.

Il y a chez nos cultivateurs, au sujet des plaies, un préjugé populaire en faveur des préparations alcooliques, l'alcool camphré, la teinture d'aloès, les baumes, etc.

Hâtons-nous de leur dire que *dans tous les cas de blessures, l'application immédiate* de ces médicaments est *toujours nuisible* et qu'*ils ne sont efficaces et utiles qu'après la suppuration et alors seulement que l'inflammation a tout à fait disparu :* dans ce dernier cas, ils tonifient les parties malades. *Cette distinction est très-importante à établir.*

Lorsqu'une suppuration abondante a affaibli l'animal, lui donner chaque jour le bol suivant :

> Poudre de quinquina. . . . . 30 grammes.
> Miel (quantité suffisante).

De la bière donnée comme boisson est très-bonne.

S'il s'est formé des *granulations* dans l'intérieur de la plaie, les saupoudrer d'alun calciné pulvérisé.

Abcès superficiel. — Collection de pus qui se forme dans les diverses parties du corps.

Causes. Coups violents, piqûre par un instrument, par une épine, piqûre de mouches ou de taon, qui ont sucé des plantes vénéneuses, des cadavres d'animaux.

Les abcès sont superficiels ou profonds.

Symptômes. Chaleur, rougeur, gonflement vers les parties affectées, sensibilité, fièvre, perte d'appétit.

Traitement des abcès superficiels. Cataplasme de farine de lin ou d'herbes émollientes cuites (guimauve, mauve, morelle); les renouveler deux fois par jour jusqu'à ce que la partie malade n'offre plus de sensibilité sous la pression du doigt.

L'abcès étant formé, l'ouvrir avec un bistouri, faciliter ensuite la sortie du pus à l'aide de légères pressions.

Introduire dans la plaie une mèche de charpie dont l'extrémité supérieure sortira de quelques centimètres afin de pouvoir la retirer pour renouveler les pansements, recouvrir le tout de compresses pliées en huit et imbibées du liquide suivant :

Eau.	1 verre.
Eau-de-vie.	1 cuillerée ordinaire.
Extrait de saturne.	1 demi-cuillerée ordin.

Bien mêler.

Renouveler ces pansements chaque jour jusqu'à guérison.

Si, pendant le traitement, il survient une vive inflammation autour de la plaie, substituer alors jusqu'à ce qu'elle cesse, des cataplasmes émollients aux compresses précitées.

Régime. Eau blanchie avec de la farine d'orge.

Si la fièvre est forte, supprimer *complétement* les aliments, s'en tenir à l'usage de l'eau de farine d'orge.

Si la fièvre cesse, reprendre les aliments, mais avec ménagement d'abord.

Repos absolu.

Abcès profonds. La main habile d'un vétérinaire peut seule aller chercher le pus dans les profondeurs où il se trouve.

Brûlure. — Elle est superficielle ou profonde :

Superficielle ; Applications permanentes, pendant plusieurs heures de compresses imbibées du mélange suivant :

> Décoction de têtes de pavots froide. .   1 litre.
> Extrait de saturne. . . . .   2 cuillerées.

Comme il faut agir promptement, si on ne pouvait préparer une décoction de têtes de pavots, on lui substituerait tout simplement l'eau de puits froide.

Donner des lavements et des boissons émollientes.

Lorsqu'apparaît la cicatrisation de la plaie, ajouter 3 à 4 pincées de sel de nitre au breuvage.

Terminer le traitement en faisant usage pendant deux ou trois jours de suite, le matin à jeun, du breuvage suivant, pris en deux fois et à un quart d'heure d'intervalle.

> Aloès pulvérisé. . . . .   30 grammes.
> Nitrate de potasse (sel de nitre). . .   4
> Eau d'orge.. . . . .   2 litres.

Si la brûlure est profonde, il faut se hâter d'appeler le vétérinaire, car le cas est grave.

En attendant son arrivée, on pourra, comme moyens lénitifs, faire usage des compresses et des lavements dont nous avons parlé plus haut.

8.

Contusions.—Les chutes et surtout les coups déterminent des contusions dont souvent les suites sont très-graves.

Un propriétaire qui comprend bien ses intérêts doit donc être sans pitié pour un domestique brutal !

Traitement. Pour éviter les accidents qui peuvent surgir, il faut au moment même de la contusion, faire pendant environ une heure sur la partie blessée des lotions d'eau froide alunée (une cuillerée à soupe de poudre d'alun par litre d'eau); ces lotions continuelles ont pour but de s'opposer à une congestion sanguine ; après ces lotions, couvrir la partie blessée avec d'épaisses compresses que l'on tiendra constamment imbibées de l'un ou de l'autre des astringents suivants:

Eau astringente.

Sulfate de fer.. . . . . 50 grammes.
Eau. . . . . 2 litres.

Faire fondre et ajouter :

Vinaigre. . . . . 200 grammes.

Autre eau astringente.

Extrait de saturne. . . . . 2 cuillerées à soupe.
Eau-de-vie. 8
Eau. . . . . 1 litre.

Mêler.

Si l'animal est triste et a perdu l'appétit, il faut le saigner, car la commotion a été profonde ; diminuer alors les aliments qui seront rafraîchissants, donner pour boisson de l'eau blanchie avec une poignée de farine d'orge et additionnée d'une cuillerée de sel de nitre par deux litres d'eau.

Si la fièvre est intense, et si la douleur est grande, il faut appeler le vétérinaire qui jugera sans doute nécessaire l'emploi de moyens plus énergiques.

Corps étrangers. — Les ruminants sont ordinairement voraces et avalent des corps volumineux, comme par exemple une grosse pomme de terre ou une racine crue qui, arrêtées dans l'œsophage, le distendent, compriment la trachée, interceptent l'air et déterminent une véritable asphyxie.

Traitement. Si le corps est rond, sans aspérités et résistant, et si la respiration n'est pas complétement supprimée, on opère, de bas en haut, des pressions légères, modérées pour faire remonter le corps étranger.

S'il s'agit d'une pomme de terre ou d'une racine cuite, on cherche à l'écraser par des pressions de haut en bas, puis à la faire tomber dans l'estomac.

Si ces moyens sont insuffisants, on cherche alors à refouler le corps étranger en exerçant une pression directe sur lui à l'aide d'une baguette flexible, ronde à son extrémité et garnie d'étoupe ou de linge, afin d'éviter le déchirement de la membrane œsophagienne.

Enfin, si ce dernier moyen est sans succès, l'ouverture de l'œsophage est indispensable.

Si le vétérinaire n'est pas là, et si la respiration est complétement supprimée, si la suffocation est imminente, le cultivateur ne doit pas hésiter, il doit faire lui-même l'opération.

Il arrivera de deux choses l'une : ou l'incision sera bien réussie, et, à son arrivée, le vétérinaire conduira à bonne fin l'opération commencée; ou bien encore, elle aura été mal faite, et alors l'on abattra l'animal, et sa chair restera ainsi dans la condition d'une bonne vente, ce qui n'arriverait pas si l'animal périssait.

Pour éviter ce danger aux animaux, il est prudent de ne leur donner que des racines coupées.

Si on surprend un animal mangeant à même un tas de racines, il faut bien se garder de l'effrayer; il faut, au contraire, le chasser doucement pour lui donner le temps de broyer la racine qu'il a dans la bouche; autrement, la frayeur et la surprise pourraient la lui faire avaler tout entière, et conséquemment amener l'accident dont nous venons de parler.

Hémorragie externe. — Écoulement de sang qui résulte d'une blessure faite par un instrument tranchant et qu'il faut arrêter; autrement, il affaiblirait l'animal.

Moyens de l'arrêter. Si l'hémorragie est légère, employer des compresses d'eau froide vinaigrée ou salée, d'eau fortement blanchie par l'extrait de saturne, ou bien d'une solution concentrée d'alun; si ces moyens ne suffisent pas, recourir à la cautérisation par le fer qui sera chauffé à blanc; avant de l'appliquer sur la blessure, il faut bien en étancher le sang avec un linge.

L'application du fer ne doit pas durer plus de cinq à six secondes.

Hémorragie résultant de la rupture d'une artère. Ici le sang ne coule plus d'une manière uniforme comme dans l'hémorragie simple qui ne provient que de la rupture d'une ou de plusieurs veines, il sort avec violence et par jets qui correspondent aux battements de cœur.

La cautérisation est inutile ici, la ligature peut seule sauver l'animal.

Mais comme dans un accident aussi formidable toute perte de temps serait chose funeste, il faut appliquer, à l'instant même, sur la blessure de forts tampons d'étoupe, ou bien d'épaisses compresses qui seront, jusqu'à l'arrivée du vétérinaire, maintenues fortement avec la main.

En cas de fatigue, un aide se tiendra tout prêt pour qu'il n'y ait aucune interruption dans la compression.

Hémorragie interne provenant d'une blessure faite par un instrument piquant. Si, au lieu de sortir de la blessure, le sang s'est épanché à l'intérieur, le cas est grave, le vétérinaire doit être immédiatement appelé.

On a fait de nombreuses et mensongères réclames en faveur de l'eau hémostatique.

L'expérience a prouvé que même la plus célèbre d'entre elles, l'eau de Brocchieri, n'avait pas plus de vertu que l'eau de pluie!...

Mamelles (Crevasses des). — Mettre du saindoux sur les crevasses. Des genisses ont souvent le pis atteint d'indurations et d'abcès, par suite de la négligence qu'on met à extraire le dernier lait, après que le veau a tété.

L'induration est combattue par des onctions d'onguent d'Althus ou mercuriel.

Les abcès se traitent comme une plaie simple (V. *Plaie simple*).

Mamelles (Squirre ou cancer des). — Le squirre des mamelles est une tumeur inflammatoire qui a dégénéré en induration et plus tard en cancer.

Si, au début de la maladie et lorsque l'induration est arrivée à l'état d'indolence, on faisait venir le vétérinaire qui, au moyen de l'opération, enlèverait cette tumeur on sauverait l'animal : mais on veut économiser le coût d'une opération, et on frotte le squirre avec des onguents, qui ne font qu'accélérer le mal, qui devient alors cancéreux et mortel.

Morsure ordinaire. — *Si elle n'a produit qu'une contusion,* la couvrir de cataplasmes faits de farine de lin ou des herbes émollientes (mauve, guimauve); diminuer les rations, s'il y a fièvre. Si les symptômes, loin de diminuer, s'aggravent, appeler le vétérinaire, car il y a à craindre des abcès ou même des accidents plus graves.

Si la peau a été entamée, et s'il en résulte une plaie, agir alors comme il a été dit à l'article *Plaie.*

Morsure de la vipère. — Le meilleur et le plus sûr moyen curatif serait la cautérisation par le fer rouge ; mais comme ce moyen est impraticable aux champs, voici comment il faut agir, et promptement.

Élargir d'abord la plaie avec le premier objet venu, une pointe de couteau, une épine, etc.; la faire saigner le plus possible en la pressant avec les doigts, la cautériser ensuite et à plusieurs reprises avec de l'ammoniaque pure.

Nous l'avons dit à l'article *météorisation,* l'ammoniaque est un médicament précieux, et dans ce cas encore, ceux qui mènent paître les animaux dans des lieux où se rencontre la vipère devraient toujours en avoir sur eux.

Après la cautérisation, faire prendre à l'animal quelques cuillerées d'eau ammoniacale (une cuillerée à café d'ammoniaque dans un litre d'eau), 3 cuillerées à café pour le mouton et à une heure d'intervalle : 6 cuillerées à bouche pour le bœuf et le cheval.

On fait encore usage des boissons suivantes :

Infusion de sauge. . . . . 2 litres.
Acétate d'ammoniaque. . . . . 100 grammes.

Ou bien :

Infusion de menthe.	2 litres.
Ammoniaque.	30 grammes.

Ou bien encore :

Infusion de camomille..	2 litres.
Sel de cuisine.	100 grammes.

Faire dissoudre et ajouter :

Vinaigre.	1 décilitre.

Ces boissons sont données en deux fois et à un quart d'heure d'intervalle, au bœuf ou au cheval.

Lavements d'eau salée ou d'eau de savon.

Pour boissons. De l'eau légèrement acidulée avec du vinaigre.

Nourriture légère. Tenir l'animal chaudement.

Si on ne s'est pas aperçu de suite de l'accident, et s'il y a gonflement considérable de tous les membres, il faut faire une bonne saignée.

Nombril (Mal du). — Chez les veaux nouveau-nés il arrive parfois que la vache, en léchant son veau, arrache le cordon et détermine une inflammation.

Traitement. Lotions émollientes souvent renouvelées ; si le veau est couché, faire couler lentement le liquide sur la partie malade ; s'il est debout, faire plonger le nombril dans la décoction mise dans un vase approprié. S'il se forme un abcès, le panser comme une plaie simple (V. *Plaie simple*).

Comme moyen préservatif de cet accident, M. Félix Villeroy dit que, dans son pays, on a l'habitude de barbouiller le nombril d'un veau nouveau-né avec un peu de bouse de vache ; l'odeur de cet excrément empêche la mère de lécher cette partie.

Piqûre de clou.—Enclouure.— (V. *Maladies du pied*).

Piqûre de guêpe, de scorpion. — Presser d'abord les lèvres de la plaie pour en faire partir l'aiguillon ou le venin, la cautériser en y appliquant une compresse imbibée d'alcali volatil, puis la couvrir ensuite de compresses d'eau salée et vinaigrée qui seront constamment tenues mouillées.

Ces piqûres déterminent parfois des abcès (V. *Abcès*).

Les mouches tourmentent souvent les animaux ; pour les éloigner il suffit de frotter les parties du corps où elles s'attachent de préférence, avec le mélange suivant :

> Essence de térébenthine. . . . . 1 partie.
> Huile d'olive ou d'œillette. . . . . . 2 parties.

Plaie simple *et peu profonde faite par un instrument tranchant, et sans complication de meurtrissure.* Des soins de propreté, des lotions avec des décoctions émollientes de laitue, de guimauve suffiront pour la guérir.

Plaie avec déchirement. Rapprocher les lambeaux de chair, *sans jamais les couper.* Les maintenir à l'aide de bandelettes de sparadrap préalablement ramollies au feu afin de les rendre plus adhérentes, recouvrir le tout de compresses imbibées d'eau froide et plusieurs fois renouvelées. Si, malgré ces soins, l'inflammation avait lieu, cataplasmes émollients ; la suppuration étant établie, laver tous les jours la plaie avec de l'eau tiède, la panser ensuite avec de la charpie enduite d'onguent basilicum.

Pour nourriture, du foin et du son trempé.

Plaie légère des articulations. La cautériser avec le fer ou avec l'alcali volatil, puis la couvrir de compresses fortement imbibées du liniment suivant :

Huile d'olive ou huile blanche. . . . 250 grammes.
Camphre. 15

Faire dissoudre et délayer

Jaunes d'œufs. . . . . n° 2.

Plaie profonde par piqûre. Si elle a attaqué les cavités articulaires, ou bien des vaisseaux, des nerfs importants; si un corps étranger y a été introduit, etc. Les conséquences pouvant en être très-graves, et le *tétanos,* la *morve,* le *farcin,* en être la suite, il faut s'empresser de remettre l'animal entre les mains du vétérinaire.

Précautions à prendre dans le pansement des plaies :

1° Ne jamais laisser *longtemps* une plaie au contact de l'air ;

2° Ne pas exercer, en la pansant, de frottement sur elle, car on pourrait déchirer les petits vaisseaux sanguins et retarder ainsi la guérison ; pour la nettoyer on se servira d'une éponge fine ;

3° Si le temps est beau, faire le pansement dehors;

4° Autant de temps que la plaie donnera un pus coloré, d'une odeur forte, la panser avec l'onguent digestif simple;

5° Lorsque le pus sera devenu blanc, inodore, peu abondant, lorsque les bords de la plaie commenceront à se sécher, à l'usage de l'onguent digestif sera substitué l'usage des compresses imbibées d'extrait de saturne ou de teinture d'aloès ;

6° Si les souffrances sont assez vives pour déterminer la fièvre, supprimer les rations et donner des eaux de farine d'orge pour toute nourriture jusqu'à ce que la fièvre ait disparu ;

9

7° Si la plaie est peu douloureuse et si elle permet au cheval de travailler, éviter le frottement des harnais sur la plaie ;

8° Les plaies ordinaires doivent être pansées tous les deux jours par un temps doux, et tous les jours pendant les grandes chaleurs ; nous croyons, contrairement à quelques opinions qui veulent que les appareils ne soient levés que tous les 3 à 4 jours, nous croyons disons-nous, que les soins de propreté entrent pour beaucoup dans la prompte cicatrisation des plaies ;

9° Pour les plaies graves, la levée d'un premier appareil doit toujours être fait par le vétérinaire, parce qu'il peut surgir des accidents graves, des hémorragies par exemple.

Polypes. — On désigne sous ce nom des tumeurs molles, fongueuses, adhérentes aux muqueuses sur lesquelles elles se développent par une base plus ou moins large.

Comme la guérison de ces polypes ne peut avoir lieu que par l'excision, c'est à l'instrument du vétérinaire que le cultivateur doit recourir.

Pouls des animaux en bonne santé :

Génisse de 20 mois.	55 pulsations par minute.
Taureau de 15 mois.	45
Bœuf de 4 ans.	44
Vache de 4 ans..	42
Vache de 9 ans.	35
Cheval de 4 ans.	32 à 38
Poulain de 1 an.	40 à 42
Mouton.	70 à 79
Chèvre.	72 à 76
Chien.	90 à 100

Ces pulsations normales étant connues, il sera facile

de reconnaître la fièvre et son intensité par le nombre de pulsations qui dépasseront ces chiffres.

Saignée. — La saignée consiste dans l'ouverture d'une veine pour en extraire une plus ou moins grande quantité de sang.

La saignée à laquelle on a recours le plus souvent, est celle faite à la jugulaire. Tout cultivateur doit savoir saigner, car il n'a pas toujours près de lui un vétérinaire, et il y a des cas de maladie où la vie d'un animal dépend d'une saignée prompte et immédiate.

La quantité de sang à tirer dépend de l'âge, de la force de l'animal, de l'intensité de la maladie (1).

L'animal, en relevant la tête qu'il tenait auparavant baissée, indique souvent à l'opérateur le soulagement qu'il éprouve, et la suffisance de la saignée.

Opération de la saignée. Pour pratiquer cette opération, un aide se place devant la tête du cheval qu'il tient un peu élevée et légèrement inclinée vers le côté droit; il lui couvre d'une main l'œil gauche. L'opérateur, placé sur le côté gauche de l'animal, lui passe autour du cou tout près des épaules, une corde grosse comme le doigt et la serre suffisamment pour rendre apparente la veine qu'il veut inciser. Il applique ensuite parallèlement à la longueur de la veine gonflée la pointe d'une flamme qu'il

---

(1) Voici, en dehors des maladies inflammatoires qui exigent parfois des saignées de 5 à 6 kilos, la quantité de sang d'une saignée ordinaire.

    Pour une vache adulte. . . . . 2 à 3 kilos.
    Pour un bœuf. . . . . 3 à 4
    Pour un mouton. . . . . 250 grammes.
    Pour un porc. 250
    Pour un chien. 150

tient éloignée de la peau d'un millimètre à peu près, puis il frappe avec un bâtonnet un coup sec et assez fort pour percer la peau et la veine (1).

La quantité de sang tirée étant jugée suffisante (2), il détache la corde et ferme la plaie en perçant transversalement les lèvres de celle-ci par une épingle autour de laquelle il passe deux ou trois fois quelques crins et qu'il fixe par un nœud.

Indication et contre-indication de la saignée. En général, elles se tirent de l'existence de tels ou tels symptômes.

---

(1) La saignée est, pour le vétérinaire, une opération simple et facile; sa main exercée sait proportionner la force du coup de bâtonnet à la force de résistance plus ou moins grande de la peau de l'animal, et il perce à coup sûr la veine sans la traverser de part en part, *ce qui n'arrive pas toujours à ceux qui n'ont pas une grande habitude de la saignée.*

La cause de cet accident s'explique par le peu de surface de la tige de la flamme qui, n'opposant qu'une faible résistance, laisse alors la lame obéir à toute l'impulsion d'un coup de bâtonnet donné trop fort.

J'ai pensé qu'en modifiant l'instrument on pourrait arriver à permettre à *la main la moins sûre* de faire une saignée sans crainte du danger dont je viens de parler.

A cet effet, j'ai fait souder de chaque côté de la tige de la flamme, et en regard des deux côtés supérieurs de la lame, deux petites plaques ou ailes d'acier d'un centimètre de largeur. Ces deux plaques offriront, par leur surface, une force de résistance assez considérable pour qu'un coup de bâtonnet soit impunément donné plus ou moins fort.

J'appellerai cet instrument *la Flamme du cultivateur.*

Cette flamme sera, même pour le vétérinaire, d'un emploi commode, en ce sens qu'il pourra, au lieu de bâtonnet, se servir de sa main sans craindre de se faire du mal.

(2) Le cultivateur qui n'a pas l'habitude, comme le vétérinaire, de pouvoir estimer à première vue la quantité de sang tirée, devrait se servir d'une mesure graduée, semblable à celle dont on se sert dans nos hôpitaux. Ce serait pour lui un moyen sûr de pouvoir proportionner une saignée à la force de l'animal et à l'intensité de sa maladie.

Le trop ou le trop peu peuvent avoir ici leurs inconvénients.

Ainsi, la saignée est *nécessaire, urgente*, lorsque le pouls est fort, plein, dur et vite; et elle l'est encore davantage, si les yeux sont rouges, injectés, si les veines superficielles sont apparentes. *Mais il faut s'en abstenir*, lorsque au contraire le pouls est faible et lent.

La saignée est un des agents thérapeutiques les plus énergiques que nous possédions; mais si ce moyen bien employé est suivi d'effets merveilleux, il faut ajouter que, mal employé, il peut entraîner des accidents auxquels il n'est pas toujours possible de remédier, *à moins d'indications bien claires et bien nettes*, comme celles dont nous venons de parler. Le cultivateur devra consulter le vétérinaire avant de pratiquer cette opération.

On a, dans les campagnes, l'habitude de saigner les chevaux au printemps ; *on prétend rafraîchir ainsi leur sang !... Erreur déplorable et funeste !...* on détermine au contraire chez eux des prédispositions souvent très-fâcheuses... On les dispose, par exemple, à des complexions phlétoriques !...

Nous ne saurions trop le redire aux cultivateurs : soyez très-circonspects à l'égard des saignées ; usez en, mais n'en abusez pas.

En général, une saignée ne doit être faite que trois heures après le repas.

Il y a cependant des cas exceptionnels tels que les coliques rouges, le vertige cérébral, où elle doit être pratiquée immédiatement.

Flamme rouillée. La saignée, opération très-simple par elle-même, peut être suivie des accidents les plus graves; c'est ainsi qu'un atôme, un corps microscopique introduit dans une veine et entraîné par le sang dans sa circulation, suffit pour causer une phlébite c'est-à-dire une inflammation terrible et toujours mortelle de la veine.

Il faut donc toujours tenir les flammes et les lancettes dans un grand état de propreté, et surtout les bien examiner avant de s'en servir.

Sétons. — On désigne sous ce nom un corps étranger, et le plus souvent, un ruban de fil que l'on passe sous la peau.

Il en est des sétons comme de la saignée : il ne faut pas en abuser ; ils ne donnent pas toujours le bien qu'on en attend, et il est arrivé plus d'une fois qu'un séton placé dans le but de prévenir une maladie chimérique, n'a produit *réellement* qu'une altération plus ou moins grande des forces du cheval.

Il faut donc laisser le vétérinaire juge de l'application des sétons.

Les sétons se placent au poitrail, aux fesses, ou au haut de l'encolure s'il s'agit d'un mal d'yeux.

Manière de poser un séton. On humecte d'essence de térébenthine le ruban avant de le placer dans l'aiguille à séton, et, chaque jour, on renouvelle l'usage de l'essence jusqu'à ce que la suppuration soit établie ; alors on substitue à l'essence l'usage de l'onguent suppuratif.

Pansement. Le panser tous les jours en le lavant d'abord à l'eau tiède, puis en tirant alternativement de haut en bas, et de bas en haut le cordon pour faciliter la sortie du pus.

Suppression du séton. C'est au vétérinaire à décider le moment où il faut supprimer un séton.

Trombus. — Un des accidents les plus graves et malheureusement très-fréquents de la saignée, c'est sans contredit le *trombus.*

On donne ce nom à une tumeur, qui se produit quelquefois immédiatement après la saignée.

Traitement. Des lotions d'eau froide et une compression exercée pendant vingt-quatre heures suffisent souvent alors pour faire disparaître cette tumeur.

Mais il arrive aussi que, quelques jours après l'opération, et par suite de demangeaisons qu'elle produit, le cheval en se frottant contre la longe ou la mangeoire, y détermine une inflammation qui peut avoir des suites fâcheuses.

Comme des résultats semblables peuvent être amenés par la pression du collier sur la veine, il ne faut donc pas trop se hâter de faire travailler un cheval qui vient d'être saigné, et avoir la précaution de le tenir pendant douze heures au moins attaché court au ratelier.

Si, malgré ces précautions, le trombus est déclaré, il faut s'empresser de faire appeler le vétérinaire.

Vices rédhibitoires reconnus par la loi comme donnant lieu à la nullité d'une vente d'animaux domestiques :

Pour le cheval, l'âne et le mulet : la fluxion périodique des yeux, l'épilepsie, la morve, le farcin, la phthisie, l'immobilité, la pousse, le cornage chronique, le tic sans usure de dents, les hernies inguinales intermittentes, la boiterie intermittente pour cause de vieux mal ;

Pour l'espèce bovine : la phthisie ou pommelière, les suite de la délivrance, le renversement du vagin ou de l'utérus après le port chez le vendeur, l'épilepsie ;

Pour l'espèce ovine : la clavelée; cette maladie reconnue sur un seul animal entraînera la rédhibition de tout le troupeau; le sang de rate, cette maladie n'entraînera la rédhibition du troupeau qu'autant que, dans le délai de la garantie, la perte constatée s'élèvera au quinzième au moins des animaux achetés.

Dans ces deux cas la rédhibition n'aurait lieu que si le troupeau portait la marque du vendeur.

Pour le porc. La ladrerie.

Le délai pour intenter l'action rédhibitoire sera, non compris le jour de la livraison :

1° De trente jours pour le cas de fluxion périodique des yeux et de l'épilepsie ;

2° De neuf jours pour tous les autres cas ;

5° Si l'animal a été conduit, dans les délais ci-dessus, hors du domicile du vendeur, les délais seront augmentés d'un jour par trois myriamètres de distance du vendeur au lieu où se trouve l'animal ;

4° Si, pendant la durée des délais fixés par les art. 1 et 2, l'animal vient à périr, le vendeur ne sera pas tenu de la garantie, à moins que l'acheteur ne prouve que la mort a été causée par une maladie contagieuse ;

5° Le vendeur sera dispensé de la garantie résultant d'une maladie contagieuse, s'il prouve que l'animal a été mis en contact avec des animaux atteints de cette maladie ;

6° Sont réputées maladies contagieuses : la morve et le farcin pour le cheval, l'âne et le mulet ;

La clavelée pour la race ovine.

CHAPITRE XII.

Instruction pratique sur l'emploi des Contre-Poisons.

POISONS MINÉRAUX.

Empoisonnements :

Par les acides sulfurique (huile de vitriol), muriatique (esprit de sel), l'eau de Javelle, l'acide nitrique (eau forte), et, en général, par tous les acides minéraux et végétaux :

Eau de savon en quantité suffisante pour provoquer le vomissement, que l'on rendra plus facile en *titillant la luette avec les barbes d'une plume* (Il faudra *toujours* employer ce dernier moyen, dans tous les cas d'empoisonnement où il sera nécessaire de faire vomir le malade) ;

Après le premier vomissement, nouvelle quantité d'eau de savon ; puis, eau de guimauve, de graine de lin en boisson.

Par les alcalis, la potasse, la soude, l'ammoniaque, la chaux vive :

Plusieurs verres d'eau acidulée avec le vinaigre ou le jus de citron (deux cuillerées à café par verre d'eau) ; eau tiède sucrée pour boisson.

Par les sels mercuriels, le sublimé corrosif (deutochlorure), le sulfure, le cyanure de mercure ;

9.

Par les sels d'étain, de bismuth, d'or, de zinc, de manganèse ;

Le chromate de potasse ;

Les sels de cuivre, le carbonate, l'acétate de cuivre :

A de courts intervalles, verres d'eau dans chacun desquels on aura délayé quatre à six blancs d'œuf, ou bien deux cuillerées de farine.

Par l'arsenic et ses composés :

Si le poison est encore dans l'estomac, provoquer immédiatement les vomissements, en portant le doigt ou les barbes d'une plume dans l'arrière-bouche. Après les vomissements, injecter tout à la fois dans l'*estomac,* à l'aide de la sonde œsophagienne, et dans *le rectum,* à l'aide d'une seringue, le mélange suivant :

> Eau-de-vie.. . . . . 62 grammes.
> Vin ordinaire pur. 62
> Bouillon gras tiède. 124

Renouveler les *deux* injections si le malade les rejette ; et si, ce qui arrive quelquefois, les secondes injections sont rendues, en redonner une troisième fois, après avoir préalablement ajouté vingt à trente gouttes de *laudanum de Sydenham* à l'injection qui doit, cette fois, être administrée *par le rectum.* Trois heures après cette dernière, on donne au malade, de trois en trois heures, un lavement avec le même mélange, mais dans lequel *on ne fait plus entrer qu'une once* (32 grammes) d'eau-de-vie.

Ces lavements doivent être continués pendant vingt-quatre heures.

Nota. Il est essentiel de ne faire boire au malade, pendant ce traitement, *ni eau, ni aucune autre boisson.*

Si le poison est passé dans l'intestin, il est inutile de fatiguer le malade en provoquant les vomissements ; il faut de suite le soumettre au traitement qui vient d'être indiqué. L'usage de l'*oxyde de fer hydraté* est regardé par des toxicologistes distingués comme un puissant antidote contre ces empoisonnements. Pendant la convalescence, le régime du malade se composera de lait, de gruau, de crème de riz et d'eau de gomme.

Par l'émétique (tartre stibié) :

Faciliter le vomissement en chatouillant l'arrière-bouche avec la barbe d'une plume. Après le vomissement, plusieurs tasses d'infusion de thé ou de quinquina.

Par le nitrate d'argent (pierre infernale) :

La solution suivante,

Sel de cuisine. . . . . 1 cuillerée à café.
Eau ordinaire. . . . . 4 bouteilles.

En faire prendre une grande quantité.

Par le sulfure de potasse (foie de soufre), l'eau de Baréges :

Favoriser le vomissement ; ensuite, *chlore liquide,* une cuillerée par verre d'eau.

Par les sels de baryte :

Eau de puits.

Ou bien encore la solution suivante :

Sulfate de soude ou magnésie. . . . . 8 grammes.
Eau ordinaire. . . . . 1 bouteille.

Par le verre, l'émail, le silex :

Gorger le malade d'aliments féculents, afin d'envelopper le poison et de diminuer son action sur la membrane de l'estomac ; ensuite, faire vomir à l'aide d'eau tiède.

Par les sels de plomb, — Par les émanations saturnines, qui donnent lieu à cette maladie appelée *colique des peintres,*

La solution suivante est administrée plusieurs fois :

Sulfate de soude. . . . . 12 grammes.
Eau ordinaire. 125

Pour boisson, eau de puits.

———

POISONS VÉGÉTAUX.

Empoisonnements :

Par l'anémone, la bryone, la coloquinte, la clématite, le concombre sauvage, la chélidoine, la créosote, l'euphorbe, la gratiole, la gomme-gutte, le garou, le jalap, le mancenillier, le narcisse des prés, le pignon d'Inde, la rue, le ricin, la renoncule, la sabine, la staphisaigre :

Débarrasser par le vomissement l'estomac du malade du poison qu'il contient.

S'il y a douleurs vives au ventre et à l'estomac : de l'eau de gomme ou du lait coupé, *en petite quantité.*

S'il n'y a point ou peu de douleurs, et que le malade soit abattu : quelques tasses de café à l'eau.

Par l'opium et ses préparations, les laudanums de Sydenham et Rousseau, la morphine, les sels de morphine, etc.,

Par les jusquiames, la belladone, la mandragore, la morelle, la laitue vireuse :

Faire vomir par 12 grains (6 décigrammes) d'ipécacuanha et 5 centigrammes (1 grain) d'émétique. Pour boisson, du café à l'eau, infusion légère de quinquina ou d'écorce de chêne. Frictions sèches sur le corps.

Par l'acide prussique,

Par les cyanures de mercure, d'or,

Par les eaux de laurier cerise et d'amandes :

Provoquer les vomissements par l'émétique (2 à 3 grains dans un verre d'eau tiède) ; frictions sur les tempes avec l'ammoniaque liquide (alcali volatil) ; sinapismes aux pieds. Faire respirer au malade le mélange suivant :

> Ammoniaque liquide. . . . .   1 cuillerée.
> Eau ordinaire. . . . .   12 cuillerées.

Appliquer sur la tête des compresses d'eau froide.

Par les champignons :

Faire vomir promptement avec l'émétique (2 à 3 grains) dissous dans un verre d'eau tiède ; après vomissement :

> Sulfate de magnésie. . . . .   32 grammes.
> Eau.   125

S'il y a inflammation au bas-ventre : pour boisson, de l'eau de gomme, de guimauve.

S'il n'y a pas d'inflammation : pour boisson, de l'eau sucrée éthérée (15 à 20 gouttes d'éther sulfurique par verre d'eau).

Par la noix vomique, la fève de Saint-Ignace, la strychnine, le poison américain, la coque du levant, l'upas tieuté, la fausse angusture, la brucine, le camphre, le curare, le worora, le ticunos, le tang-hin, le tabac, la belladone, les ciguës, les ellébores, le stramonium, le colchique, le laurier rose, la digitale, l'ivraie, la rue, l'aconit, la scille, la vératrine, le laurier cerise, l'huile d'amandes amères :

Provoquer les vomissements par 2 à 3 grains d'émétique dans un verre d'eau tiède ; les faciliter en titillant la luette.

Faire boire ensuite de l'eau sucrée éthérée (15 à 20 gouttes d'éther sulfurique par verre d'eau).

Le poison a-t-il été introduit par une plaie, ou à l'aide d'une flèche, d'un instrument piquant; faire saigner la plaie en pressant ses bords, la laver, puis la cautériser soit avec le fer, soit avec le beurre (chlorure) d'antimoine introduit à l'aide d'un pinceau.

Par le seigle ergoté :

Les accidents sont-ils légers;... de l'eau légèrement acidulée avec le vinaigre ou le jus de citron; quelques gouttes d'éther sulfurique sur un morceau de sucre.

Les accidents sont-ils graves, la gangrène imminente;... ce que l'on reconnaît à la douleur, à un sentiment de froid ;...

Placer alors le malade dans un lit et un appartement bien secs et bien chauds.

Vomitif avec 15 ou 18 grains d'ipécacuanha : de l'eau acidulée pour boisson.

Par les éthers, l'esprit de vin, l'eau-de-vie et les liquides spiritueux en général :

Vider promptement l'estomac par le vomissement (2 à 3 grains d'émétique), ou tout simplement en titillant la luette. Pour boisson, eau et quelques gouttes d'ammoniaque liquide (10 à 12 gouttes dans un verre d'eau).

Asphyxie :

Par le gaz acide carbonique (asphyxie par la vapeur du charbon) :

Déshabiller *entièrement* le malade, le placer dans le lieu le *plus froid* et *le plus aéré* possible, le *coucher sur le dos*, la tête et la poitrine *un peu plus élevées* que le reste du corps ; éloigner les personnes inutiles ; asperger le visage et la poitrine d'eau vinaigrée froide ; frictionner les régions de l'estomac et du ventre avec une flanelle imbibée d'eau-de-vie camphrée, d'eau de Cologne, d'eau de mélisse, ou même d'eau-de-vie : essuyer, toutes les quatre à cinq minutes, les parties mouillées, et recommencer de nouvelles frictions ; irriter, avec une brosse de crin, la plante des pieds, la paume des mains, et tout le trajet de la colonne vertébrale ; faire respirer de l'ammoniaque liquide (alcali volatil), en ayant soin de tenir le flacon éloigné du nez de quelques lignes, et en soulevant un peu la tête du malade ; faire brûler sous le nez des allumettes soufrées ; irriter les narines avec les barbes d'une plume ou un brin de paille, introduire dans l'estomac, au moyen de *la sonde œsophagienne*, de l'eau vinaigrée (un quart de vinaigre sur trois quarts d'eau);

Enfin, insuffler par *petites portions*, et *doucement*, de l'air dans les poumons, au moyen de la sonde œsophagienne adaptée au tuyau d'un soufflet.

Asphyxie par le gaz des fosses d'aisances :

Placer le malade au grand air; aspersions d'eau vinaigrée et frictions comme il vient d'être dit.

A l'intérieur : une tasse à café d'huile d'olive.

S'il y a palpitations : Bain froid, eau sucrée avec 40 à 12 gouttes d'éther sulfurique.

Asphyxie par submersion (noyé):

Nous insistons tout d'abord avec force pour condamner cet usage barbare que le vulgaire conserve encore de suspendre le noyé par les pieds, et qui ne fait que hâter la mort au lieu de la prévenir.

Voici ce qu'il faut faire :

Placer le corps avec précaution et sans secousse sur l'endroit le plus favorable, enlever au noyé ses habits que l'on coupe par économie de temps ; le revêtir d'une chemise et d'un bonnet de laine ; cela fait, on le couche sur le *côté droit, la tête un peu plus haute que le reste du corps ;* on débarrasse la bouche , le nez, les yeux , les oreilles de la vase et des corps étrangers qui peuvent s'y être introduits : on insuffle ensuite de l'air à l'aide de la sonde en gomme élastique introduite dans l'une des narines, *en ayant soin surtout de tenir l'autre narine bouchée ainsi que la bouche ;* on réchauffe le corps avec des linges chauds; frictions d'eau-de-vie camphrée, titillation des fosses nazales et du gosier avec la barbe d'une plume légèrement imbibée d'ammoniaque liquide.

Asphyxie par le froid :

Placer le malade dans un bain froid que l'on réchauffe *lentement* et *par degrés.* Fictions sur le ventre et les extrémités ; aspersion d'eau froide sur le visage; chatouiller les lèvres , les narines avec les barbes d'une plume ; faire respirer l'éther sulfurique.

Asphyxie par la chaleur :

Placer le malade dans un lieu frais ; lui faire boire de l'eau acidulée avec un peu de vinaigre ou du jus de citron.

POISONS ANIMAUX.

Empoisonnements :

Par les cantharides et leurs préparations :
Produire le vomissement : *s'il y a difficulté d'uriner*, frictionner alors la partie interne des cuisses avec l'huile camphrée.

Peu de boisson.

Nota. Se bien garder de donner à l'intérieur des liquides huileux.

Par les moules, la dorade, le congre, le clupé, cailleux-tassart :

Faire vomir à l'aide de 2 à 3 grains d'émétique dans un verre d'eau tiède ; l'estomac débarrassé, faire boire de l'eau sucrée éthérée (15 à 20 gouttes d'éther sulfurique par verre d'eau).

Morsures :

Des animaux enragés (hydrophobie).

Déshabiller entièrement le malade, laver ses habits pour en ôter la bave.

Si les plaies sont récentes, les faire saigner en comprimant leurs bords, les laver ensuite avec de l'eau pure, puis avec de l'eau salée, à l'aide de la seringue à injection, et enfin, les *cautériser très-profondément* avec le *fer rouge* ou le *chlorure d'antimoine, ainsi que toutes les écorchures* MÊME LES PLUS PETITES qui pourraient exister sur le corps. Sept ou huit heures après la cautérisation, couvrir les escarres avec un large vésicatoire que l'on pansera avec du cérat.

De vipère, de serpent, de scorpion.

Pratiquer de suite une ligature *légèrement* serrée *au-dessus* de la plaie, faire saigner celle-ci en comprimant ses bords, la bien laver, la cautériser avec de l'alcali volatil que l'on mettra à l'aide d'un pinceau.

Piqûres :

D'abeille, de guêpe, de tarentule, de bourdon, de taon, d'araignée, de frelon, de mouches, de cousin.

Oter d'abord l'aiguillon que peut avoir laissé l'animal dans la piqûre ; on se sert pour cela de la pince.

La douleur, l'enflure, la fièvre sont-elles légères ;... Frotter les parties piquées avec le mélange suivant :

Huile d'olive ou huile blanche. . . .	2 cuillerées.
Ammoniaque liquide.	1 cuillerée.

Les symptômes sont-ils plus graves ;... ce qui arrive lorsque l'animal a sucé des plantes vénéneuses, des cadavres..., alors, *cautérisez* avec l'*alcali volatil* que l'on met à l'aide du pinceau.

CHAPITRE XIII.

Pharmacie vétérinaire.

Médicaments adoucissants. — Émollients. — Ils ramollissent les tissus et en calme la sensibilité.

On les emploie contre les inflammations aiguës tant internes qu'externes.

Ces médicaments sont préparés avec les aliments adoucissants (V. ces aliments).

Médicaments antilaiteux. — Le caille-lait, le sureau, la canne de Provence, la pervenche, le sulfate de potasse, etc., jouissent d'une *réputation usurpée* de médicaments propres à arrêter la sécrétion du lait.

Les purgatifs,　　La saignée,　　Le travail,　　La diète,

réussissent bien mieux à arrêter la sécrétion laiteuse.

Médicaments astringents. — *A l'intérieur.* Ils sont rarement employés; on a recours alors aux médicaments toniques.

A l'extérieur. Ils resserrent les tissus, détergent les mauvaises plaies, suppriment les suppurations, arrêtent les hémorragies.

L'acétate de plomb,	L'alun,	L'extrait de saturne,
Les acides étendus d'eau,	Le sulfate de zinc,	La noix de galle,
La bistorte,	Le fraisier,	Le sulfate de fer, etc.,

sont les plus employés.

Médicaments diurétiques. — Comme les médicaments *stimulants*, ils agissent sur toute l'économie animale ; mais ils ont cela de particulier, qu'ils ont une action directe sur les reins et la vessie.

Ils sont employés avec succès contre les hydropisies, la pourriture des moutons, les eaux aux jambes.

A l'intérieur, on les donne pendant un traitement externe qui a pour but de supprimer une suppuration abondante.

En ce cas, les diurétiques s'opposent à la résorption du pus.

Médicaments diurétiques.

Diurétiques froids.

Graine de lin.	Mauve.	Guimauve.
Bourrache.	Pariétaire.	Asperges.
Bourgeons de vigne.		

Diurétiques chauds.

| Digitale. | Scille. | Colchique. |
| Térébenthine. | Résine. | |

Médicaments excitants et stomachiques. — Ils exaltent la sensibilité, la chaleur ; développent l'appétit, la soif, accélèrent la digestion.

Passés dans l'intestin, ils neutralisent les vents, et produisent la constipation.

La mélisse.	La marjolaine.	La camomille.	Le romarin.
La sauge.	L'hysope.	L'angélique.	Le camphre.
Le thym.	L'ortie blanche.	L'anis.	L'assa-fœtida.
Le serpolet.	La lavande.	Le fenouil.	La valériane.
Le marrube.	L'absinthe.	La menthe.	

Ces substances sont données en infusions ou en poudre, dans les indigestions simples.

Ils conviennent aussi aux animaux affaiblis par de longues maladies.

Ils seraient nuisibles dans les maladies inflammatoires.

Médicaments fondants. — Ils rendent plus active l'absorption des engorgements chroniques et indolents de certaines glandes.

Comme à des doses trop élevées ces médicaments pris à l'intérieur pourraient amener des accidents fâcheux, le vétérinaire doit en surveiller l'emploi.

L'iode et ses sels sont les plus énergiques et le plus souvent employés à l'intérieur.

A l'extérieur, *les onguents, les emplâtres*.

Médicaments narcotiques, calmants. — *Donnés à doses convenables*, ils agissent sur le système nerveux dont ils diminuent l'activité ;

Donnés à de trop fortes doses, quelques uns d'entre eux empoisonnent au lieu de guérir.

C'est au vétérinaire à régler les doses et l'emploi de ces médicaments précieux mais dangereux.

L'opium et ses composés.　　Le pavot.　　La thrydace.

Médicaments narcotiques, délirants. — Ils dilatent la pupille, obscurcissent la vision et donnent le délire.

La belladone.　　La jusquiame.　　La morelle.
Le métel.　　　　Le stramonium.

Médicaments purgatifs. — Ils déterminent dans l'intestin et le foie des mouvements contractiles à l'aide desquels la bile et les matières contenues dans ces organes sont expulsées.

Les purgatifs sont des médicaments précieux dans un grand nombre de maladies, mais il ne faut pas en abuser.

Il y a une distinction à faire entre eux, et éviter surtout *les superpurgations* violentes et dangereuses que donnent toujours les purgatifs violents.

Le vétérinaire doit être le seul juge arbitre de l'opportunité d'un purgatif.

Purgatifs drastiques et violents :

Gomme-gutte.	Jalap.	Huile de croton.
Aloès.	Séné.	

Purgatifs doux :

Sulfate de soude.	Sulfate de potasse.	Sulfate de magnésie.
Manne grasse.	Huile de ricin.	

Ces derniers doivent toujours être préférés.

Médicaments rafraîchissants. — *A l'extérieur,* ils diminuent la chaleur des tissus et calment la douleur.

A l'intérieur, ils modèrent l'activité de la circulation du sang, augmentent les urines, étanchent la soif.

Le breuvage de farine d'orge.   Les boissons acidulées.   Le petit lait.

Médicaments rubéfiants et caustiques. — *Les rubéfiants* sont :

Les renoncules,	L'euphorbe,	L'ellébore,
La farine de moutarde,	La poudre de cantharides,	L'eau bouillante.

On les emploie comme dérivatifs, c'est-à-dire afin de diminuer l'irritation d'un organe, en en produisant une factice sur la peau.

Ces médicaments sont encore employés pour animer les sétons et les vésicatoires.

Les caustiques sont :

La potasse caustique,	Le chlorure ou beurre d'antimoine,
Les acides sulfurique,	La pierre infernale,
— chlorhydrique,	L'arsénic blanc,
— azotique,	Le sulfate de cuivre (vitriol bleu).

Ils servent à cautériser les plaies et les morsures d'animaux enragés et venimeux, à détruire les végétations, les ulcères cancéreux et farcineux.

Ces médicaments sont très-dangereux à manier ; et quoiqu'ils ne s'appliquent qu'à l'extérieur, il faut en laisser, autant que possible, l'emploi au vétérinaire.

Médicaments stimulants et stomachiques. — Ils exaltent la sensibilité des organes ;

Ils conviennent dans toutes les maladies accompagnées d'un grand affaiblissement.

L'ammoniaque et ses sels.	L'assa-fœtida.	La muscade.
Le thym.	Le camphre.	Le poivre.
Le romarin.	L'arnica.	Le gingembre.
La camomille.	La canelle.	Les essences.
La sauge.	La lavande.	La valériane.
La menthe.	L'aulnée.	L'alcool.
Les semeuces de fenouil.	La térébenthine.	L'éther sulfurique.
— de cumin.	Le styrax.	Le girofle.
— d'anis.		

On prépare avec ces médicaments des teintures, des poudres, des onguents.

Médicaments sudorifiques. — Ils agissent sur la peau dont ils augmentent la transpiration.

On les donne avec de très-grands succès dans toutes les maladies de la peau.

Ils ont aussi une action tonique marquée sur les bronches et les poumons.

L'antimoine diaphorétique.	La bourrache.	La fleur de sureau.
Les sels ammoniacaux.	La douce-amère.	Le vin.
La teinture de scille.	Les feuilles d'orme.	La saponaire.
Le nitrate de potasse.		

Médicaments toniques. — *A l'intérieur*, ils relèvent l'énergie des organes affaiblis par les maladies, les privations ou un travail excessif.

Les oxydes et carbonates de fer.	La gentiane.	Le quinquina.
Le sulfate de fer.	L'absinthe.	La petite centaurée.
Le quinquina et ses sels.	La fumeterre,	La bardane.
Le houblon, etc.		

A l'extérieur, ils agissent de la même manière que les médicaments astringents.

Médicaments utérins. — Ces médicaments agissent spécialement sur la matrice.

Selon la dose, ils peuvent, ou provoquer l'avortement, ou favoriser singulièrement l'accouchement.

La rue.   La sabine.   Le seigle ergoté.

Médicaments vermifuges. — Ils tuent les vers intestinaux et les expulsent.

La thérapeutique possède plusieurs médicaments vermifuges, tels que :

La mousse de Corse,   L'écorce de grenadier,   La fougère mâle. etc.;

mais celui dont l'action est la plus certaine est, sans contredit,

L'huile empyreumatique donnée sous la forme de breuvage.

CHAPITRE XIV

Médicaments pour les blessures, les plaies et les contusions.

Alcool camphré.

Alcool à 33°. . . . . 1 litre.
Camphre. . . . . 200 grammes.

Faire dissoudre.
Il est stimulant et résolutif.

Cataplasme astringent.

Pomme de terre crue et rapée. . . . 1 kilog.
Extrait de saturne. . . . . 60 grammes.

Bien mêler.

Cataplasme contre l'inflammation des mamelles.

Poudre de ciguë.
Eau chaude, quantité suffisante pour faire un cataplasme.

Cérat camphré.

Camphre. . . . . 32 grammes,
Alcool. . . . . 15 à 20 gouttes.

Réduire le camphre en poudre impalpable, l'incorporer dans 250 grammes de cérat simple.
Il est stimulant.

Cérat de saturne ou de Goulard.

Cérat simple. . . . . 60 grammes.
Extrait de saturne. 8

Bien mêler.

Ne le préparer que pour les besoins des pansements, car ce cérat durcit promptement. ·

Il est astringent.

Cérat jaune simple.

> Huile d'olive ou d'œillette fraîche.. . 375 grammes.
> Cire jaune. 125

Faire fondre à la chaleur du bain-marie.

Il est adoucissant et convient aux plaies douloureuses, aux gerçures et crevasses des mamelons.

Cérat laudanisé.

> Cérat simple. . . . . 60 grammes.
> Laudanum de Sydenham. 46

Bien mêler.

Il est sédatif et calmant.

Eau alunée hémostatique.

> Alun. . . . . 400 grammes.
> Eau chaude. . . . . 1 litre.

Faire dissoudre.

Contre les hémorragies.

Eau astringente contre les contusions.

> Sulfate de fer. . . . . 50 grammes.
> Eau. . . . . 2 litres.

Faire fondre et ajouter :

> Vinaigre. . . . . 1 verre.

Autre eau astringente.

> Extrait de saturne. . . . . 30 grammes.
> Eau-de-vie. 400
> Eau. . . . . 1 litre.

Mêler.

Eau blanche astringente.

    Extrait de saturne. . . . .   30 grammes.
    Eau. . . . .   1 litre.

Mêler.

Eau de chaux.

    Chaux vive. . . . .   60 grammes.
    Eau. . . . .   1 litre.

La chaux étant éteinte, la bien délayer dans l'eau ; laisser reposer vingt-quatre heures, décanter l'eau claire et la conserver dans une bouteille bien hermétiquement fermée.

Employée pour laver les plaies anciennes, et contre les brûlures.

Eau de Goulard.

    Sous-acétate de plomb liquide. . . .   30 grammes.
    Eau-de-vie ordinaire.   125
    Eau ordinaire.   750

Contre les plaies en suppuration.

Eau-de-vie camphrée.

    Eau-de-vie ou alcool, réduit à 20°. .   500 grammes.

y ajouter,

    Camphre.   50

Faire dissoudre.
Elle est stimulante et résolutive.

Eau salée et vinaigrée.

    Sel de cuisine. . . . .   demi-poignée.
    Vinaigre ordinaire. . . . .   demi-verre.
    Eau. . . . .   2 litres.

Faire dissoudre.
Pour arrêter les hémorragies.

Emplâtre pour vésicatoires.

Poix-résine. . . . .   30 grammes.
Cire jaune.. . . , ...   60
Huile d'œillette ou d'olive.   30

Faire fondre et ajouter :

Cantharides pulvérisées.. . . . . . .   **90**
Euphorbe. **30**

Retirer du feu le mélange . et remuer constamment, jusqu'à ce qu'il soit figé ; sans cette précaution, les cantharides et l'euphorbe seraient mal répartis dans la masse et l'onguent serait mal préparé.

Il fond rapidement les tumeurs indolentes et même celles qui sont aiguës : il sert à établir des exutoires et à animer les sétons. Très-employé.

Dans le cas où on n'aurait pas d'emplâtre vésicatoire, on peut, au besoin, en préparer extemporanément avec le premier emplâtre venu.

Voici comment on s'y prend :

On incorpore une partie de poudre de cantharides, sur trois parties d'emplâtre ; on étend sur un morceau de toile ou de peau ce mélange, que l'on saupoudre ensuite de poudre de cantharides afin de le rendre plus actif.

Avant l'application d'un vésicatoire, il faut préalablement avoir le soin de couper les poils le plus près possible de la peau.

Huile camphrée.

Camphre.. . . . .   60 grammes.

Verser dessus 10 à 12 gouttes d'alcool pour le réduire en poudre.

Faire dissoudre à froid dans 500 grammes d'huile d'olive et d'œillette.

Elle est résolutive et calmante.

Huile de camomille.

Fleurs de camomille sèches.. . . . . 60 grammes.
Huile d'olive ou d'œillette fraîche. . 250

Faire digérer au bain-marie pendant deux heures, et passer avec expression.

Elle est résolutive et excitante.

Huile de mucilage.

Graine de lin. . . . . 150 grammes.
Fenugrec. 150
Racine de guimauve. 150
Eau bouillante. 500

Laisser infuser vingt-quatre heures et passer.
Ajouter :

Huile d'olive ou d'œillette. . . . . . 1000 grammes.

Chauffer doucement jusqu'à l'évaporation de l'eau.
Elle est émolliente et relâchante.
Employée contre les inflammations des plaies.

Liniment contre les plaies d'articulation.

Camphre pulvérisé. . . . . 5 grammes.
Jaune d'œuf, n° 1.
Huile d'olive. . . . . 4 cuillerées.

Triturer dans un mortier le camphre avec l'huile et le jaune d'œuf jusqu'à ce qu'il soit entièrement dissous.

Lotion acide résolutive.

Muriate de soude (sel de cuisine). . . 250 grammes.
Vinaigre. . . . . 2 litres.

Faire fondre à une légère chaleur et ajouter :

Ail pilé. . . . . 500 grammes.

Bien mêler.

Lotion résolutive de thym.

Thym. . . . . 2 poignées.
Eau bouillante. . . . . 1 litre.

10.

Laisser infuser pendant une demi-heure, passer à travers un linge.

Les lotions de romarin, de sauge et de lavande se préparent de même et jouissent des mêmes propriétés.

Mellite de cuivre (Onguent égyptiac).

Miel ordinaire. . . . . 440 grammes.
Vinaigre fort.. 220
Poudre de Verdet. 160

Faire cuire dans une grande bassine de cuivre jusqu'à ce que le mélange ait acquis une couleur rouge et une consistance de miel.

Employé comme escharotique pour détruire les chairs fongueuses des plaies.

Mucilage hémostatique.

Blanc d'œuf, n° 2.
Alun pulvérisé. . . . . 6 grammes.

Bien mêler.

Contre les hémorragies.

Onguents et pommades. — Les pharmacologues ont fait deux groupes différents de ces préparations, par cette raison qu'il entre dans la composition des onguents des corps résineux, tandis que les pommades n'en contiennent pas.

Nous n'avons pas cru devoir admettre cette distinction. Les pommades et les onguents ayant tous pour base des corps gras, et étant employés aux mêmes usages, nous les avons réunis sous l'unique dénomination d'onguents.

Onguent à vésicatoire.

Axonge (saindoux). . . . . 400 grammes.
Poudre de cantharides. 100

Bien mêler.

Employé pour entretenir la suppuration d'un vésicatoire, d'un séton.

Onguent d'aloès.

> Axonge (saindoux). . . . . 60 grammes.
> Poudre d'aloès. 20

Bien mêler.
Il est cicatrisant.

Onguent d'althéa.

> Huile de mucilage. . . . . 1000 grammes.
> Cire jaune. 250
> Térébenthine. 125
> Poix-résine. 125

Faire fondre à une douce chaleur et passer.
Il est adoucissant.

Onguent d'Arcœus.

> Suif de mouton. . . . . 1000 grammes.
> Résine élevée. 750
> Axonge. 500

Faire fondre et retirer le vase du feu.
Ajouter :

> Térébenthine.. . . . . 750 grammes.

Légèrement irritant et dessiccatif. Bon pour la cicatrisation des plaies blafardes.

Onguent basilicum.

> Poix noire. . . . . 125 grammes.
> Poix-résine. 125
> Cire jaune. 125

Faire fondre et ajouter :

> Huile d'olive ou d'œillette. 500

Passer.
Il est excitant et résolutif, d'un emploi fréquent contre les plaies, les ulcères et pour animer les sétons.

Onguent brun.

Onguent basilicum. . . . . 64 grammes.
Bioxide de mercure.. 4

Bien mêler.

Employé contre le bourgeonnement des plaies blafardes et des ulcères.

Onguent de Eckel, contre les abcès ordinaires.

Cérat jaune simple. . . . . 60 grammes.
Oxyde rouge de mercure. 2
Poudre d'euphorbe.. 2

Bien mêler.

Onguent d'euphorbe.

Axonge. . . . . 400 grammes.
Poudre d'euphorbe. 50

Bien mêler.

Employé pour animer les sétons, les vésicatoires.

Onguent digestif composé.

Térébenthine.. . . . . 200 grammes.
Jaunes d'œufs, n° 6.
Basilicum. 30
Essence de térébenthine, quantité suffisante pour donner au mélange la consistance du miel.

Il accélère la suppuration des abcès.

Autre onguent digestif composé.

Onguent de styrax. . . . . 60 grammes.
Baume d'Arcœus.. 60
Onguent basilicum. 30
Alcool, quantité suffisante pour un mélange de la consistance du miel.

Il est employé au même usage que le précédent.

Onguent digestif opiacé. — On ajoute à 125

grammes d'onguent digestif simple , 32 grammes de laudanum de Sydenham.

Il est résolutif et calmant.

Onguent digestif simple.

> Térébenthine. . . . . 64 grammes.
> Jaunes d'œufs, n° 2.

Bien mêler.

Ajouter peu à peu :

> Huile d'olive ou d'œillette. . . . . . 16 grammes.

Il est excitant et dessiccatif ; très-employé pour la suppuration des plaies.

Onguent populéum. — Cet onguent est très-employé dans la médecine vétérinaire ; les cultivateurs auraient un double avantage à le préparer : d'abord parce qu'il leur reviendrait à meilleur prix, et ensuite, parce qu'ils seraient sûrs de l'employer *pur*, ce qui, malheureusement, ne leur arrive pas toujours, car cet onguent est l'objet de nombreuses fraudes.

Sa préparation est des plus faciles, et les substances dont il se compose sont sous la main :

> Axonge.. . . . . 2 kilog.
> Feuilles fraîches de pavot. . . . . . . 250 grammes.
> — de belladone. . . . 250
> — de morelle. 250
> — de jusquiane.. . . . 250

Faire bouillir à un feu doux, jusqu'à ce que les feuilles des plantes aient perdu toute leur eau de végétation, c'est-à-dire jusqu'à ce qu'elles soient devenues *cassantes sous les doigts*.

Retirer alors du feu ; ajouter : .

> Bourgeons de peuplier. . . . . 575 grammes.

Laisser infuser vingt-quatre heures, faire refondre à

un feu doux la masse, la passer à travers un linge et la conserver en pot.

Il est adoucissant, calmant. Cet onguent est très-employé sur les parties contuses, emflammées et douloureuses.

Poudre de Eckel, contre les abcès gangréneux.

Poudre d'aristoloche.	30 grammes.
Poudre de tormentille.	30
Poudre de camphre.	15

Poudre dessiccative.

Poudre de sulfate de zinc.	250 grammes.
— d'alun de roche.	250
— de noix de galle.	60

Bien mêler.

Très-employée pour dessécher les ulcères et les plaies de mauvaise nature.

Autre poudre dessiccative.

Poudre d'alun calciné.

Employée au même usage que la précédente.

Teintures alcooliques. — On donne le nom de *teinture* à de l'alçool chargé des principes actifs d'une ou de plusieurs substances médicamenteuses.

Les substances destinées à leur préparation doivent *toujours* être employées bien sèches.

Ces médicaments sont de ceux qu'il est facile d'altérer, soit qu'on les prépare avec des substances inférieures et de mauvaise qualité, soit qu'on n'y mette pas les doses prescrites par les formulaires.

Le cultivateur trouvera tout à la fois sûreté pour les animaux et économie à préparer lui-même ces médicaments.

Teinture d'aloès.

          Aloès saccotine. . . . . 100 grammes.
          Alcool à 80°. 400

Faire macérer pendant cinq à six jours en agitant de temps en temps et filtrer.

Employée contre les brûlures, les plaies anciennes.

Teinture d'arnica.

          Alcool à 56°.. . . . . 500 grammes.
          Fleurs d'arnica.. 100

Laisser macérer dans une bouteille pendant cinq à six jours et filtrer.

D'un emploi fréquent pour les contusions.

Teinture de cantharides.

          Poudre de cantharides. . . . . 100 grammes.
          Alcool à 56°. 400

Faire macérer huit jours et filtrer.

Employée pour ranimer la suppuration d'une plaie.

Teinture d'iode.

          Iode. . . . . 30 grammes.
          Alcool à 80°. 350

Faire dissoudre.

Employée pour cicatriser les vieilles plaies.

Teinture de savon.

          Alcool à 80°. . . . . 500 grammes.
          Savon blanc, sec et rapé. 125

Faire dissoudre.

Elle est stimulante et résolutive.

CHAPITRE XV.

Maladies de la Bouche.

Gargarisme astringent, contre les aphtes.

     Sauge sèche. . . . . 30 grammes.
     Eau bouillante. . . . .   1 litre.

Faire infuser pendant dix minutes.
Passer et ajouter :

     Miel . . . . 150 grammes.
     Acide chlorhydrique. 10

Bien mêler.

Autre gargarisme astringent.

     Alun pulvérisé. . . . .   8 grammes.
     Eau. . . . . 1 litre.

Faire dissoudre.

Gargarisme émollient, contre les inflammations
de la bouche.

     Orge. . . . . 250 grammes.
     Têtes de pavots, nº 2.
     Eau. . . . . 1 litre.

Faire bouillir pendant cinq à six minutes et passer.

CHAPITRE XVI.

Maladies des Bronches, de la Poitrine, de l'Estomac et du Foie.

Boisson adoucissante.

Orge. . . . . 500 grammes.

La faire infuser préalablement pendant cinq minutes dans deux litres d'eau bouillante.

Jeter cette eau.

Prendre :

Eau nouvelle. . . . . 8 litres.

Faire bouillir pendant dix minutes.
Passer et ajouter :

Miel. . . . . 500 grammes.

Boisson de White, contre la toux du cheval.

Opium. . . . . 4 grammes.

Faire dissoudre dans

Eau de lin ou de guimauve. 500

Ajouter :

Oxymel scillitique. 125

Faire boire en une fois.

Boisson émétisée, contre l'inflammation des pou-
mons.

Émétique pulvérisé.. . . . . 2 grammes.
Eau chaude. . . . . 1 litre.

Faire dissoudre.

Ajouter :

   Farine d'orge. . . . . 1 poignée.

Mêler.

Boisson rafraîchissante.

   Recoupe de son. . . . . 5 à 6 poignées.
   Miel. . . . . 250 grammes.
   Vinaigre. 125
   Eau.. . . . . 10 litres.

Bien mêler.

Boisson tonique.

   Jaunes d'œufs, n° 10.
   Lait chaud. . . . . 2 litres.
   Sel de cuisine. . . . . 20 grammes.

Faire dissoudre et donner en une fois.

Boisson tonique pour relever les forces du cheval épuisées par la fatigue.

   Vin rouge.. . . . . 1 litre.
   Poudre de gingembre.. . . . . 12 grammes.
   — de galanga.. 20

Délayer et faire prendre en une fois.

Bol anodin de White, contre la toux chronique.

   Opium pulvérisé. . . . . 3 grammes.
   Camphre pulvérisé. 4
   Anis pulvérisé. 15
   Extrait mou de réglisse, quantité suffisante pour former un bol.

Donner un bol semblable tous les soirs.

Bol purgatif de White, n° 1, contre les maladies de foie.

   Calomélas. . . . . 2 grammes.
   Aloès pulvérisé 4
   Savon blanc. 8
   Rhubarbe pulvérisée.. 15
   Miel commun (quantité suffisante pour former un bol).

Bol purgatif de White, n° 2, contre les maladies de foie.

> Opium pulvérisé.		3 grammes.
> Calomélas.		4
> Savon blanc		8
> Miel (quantité suffisante pour former un bol).

Bol expectorant de White, contre la toux persistante.

> Scille pulvérisée.		4 grammes.
> Gomme ammoniaque pulvérisée. . .		12
> Opium pulvérisé.		2
> Farine.		10
> Miel, quantité suffisante pour former un bol.

En donner une semblable tous les matins pendant huit jours.

Bol tonique de White , contre le catarrhe chronique.

> Poudre de cannelle de Chine..		6 grammes.
> — 	d'opium.		2
> — 	de camphre.		4
> Farine..		10
> Miel, quantité suffisante pour former un bol.

Tous les soirs un bol pour relever les forces.

Bol tonique pour la bronchite.

> Poudre de guimauve. . . . . , . .		30 grammes.
> — 	de réglisse.		20
> Kermès minéral.		5
> Miel ordinaire, suffisante quantité pour faire un bol.

Tous les soirs un bol semblable.

Breuvages et boissons. — Si ce sont des fleurs ou des feuilles qui entrent dans leur composition, on les prépare à la manière du thé..... par infusion. Si ce sont des racines, il faut les faire bouillir pendant 15 ou 20 minutes. Une simple infusion ne suffirait pas.

Manière de donner le breuvage. Prendre une corde grosse comme le doigt, la passer dans la bouche du cheval et la nouer par-dessus le chanfrein autour de la mâchoire supérieure; passer dans cette corde, ainsi nouée, un bout de corde fixé au râtelier et à l'aide duquel on tiendra la tête du cheval suffisamment élevée. Dans cette position, lui entonner le breuvage contenu dans une bouteille, mais lentement et en lui laissant le temps d'avaler. Si un peu de liquide vient à tomber dans la trachée artère (conduit de l'air dans les poumons) et à faire tousser le cheval, il faut laisser reprendre à la tête sa position naturelle et recommencer l'opération lorsque la toux aura cessé.

Les breuvages doivent généralement être donnés tièdes.

Breuvage adoucissant.

    Poudre de gomme arabique.. . . . . .   75 grammes.
    Eau tiède. . . . .   1 litre.

Faire fondre et ajouter :

    Miel. . . . . 125 grammes.

Autre breuvage adoucissant.

    Graine de lin.. . . . .   60 grammes.
    Eau. . . . .   1 litre.

Faire bouillir pendant cinq à six minutes.
Passer et ajouter :

    Miel. . . . . 125 grammes.

Si on manque de graine de lin, on peut la remplacer par de la racine de guimauve, par de l'amidon ou du riz.

Breuvage adoucissant, contre la bronchite.

Feuilles de bourrache.	2 poignées.
Eau.	2 litres.

Faire bouillir pendant un quart d'heure.

Passer à travers un linge.

Ajouter :

Miel ordinaire.	150 grammes.
Vinaigre.	10

Faire dissoudre et prendre en une fois.

Autre breuvage adoucissant.

Feuilles d'oseille.	2 poignées.
Eau.	2 litres.

Faire bouillir pendant un quart d'heure.

Passer dans un linge.

Ajouter :

Miel.	150 grammes.

Faire dissoudre et prendre en une fois.

Breuvage adoucissant miellé. — Breuvage de guimauve ou de graine de lin, dans lequel on ajoute 100 grammes de miel par litre.

Breuvage adoucissant miellé.

Eau chaude.	1 seau.
Miel ordinaire.	500 grammes.

Faire dissoudre.

Breuvage anodin de White, contre la toux chronique.

Opium.	4 grammes.
Eau.	250

Faire dissoudre et ajouter :

Oxymel scillitique..	60
Huile d'olive.	60

Mêler ; à prendre en une fois.

Breuvage adoucissant.

    Racine de guimauve hachée. . . . . . 200 grammes.
    Eau bouillante.. . . . . 1 seau.

Laisser infuser pendant une heure.

Passer à travers un linge.

Le breuvage adoucissant à la graine de lin se prépare de la même manière.

Breuvage antispasmodique calmant.

    Têtes de pavots. . . . . 6.
    Eau. . . . . 1 litre.

Faire bouillir pendant cinq à six minutes.

Passer et ajouter :

    Laudanum de Sydenham. . . . . . . 30 grammes.

Breuvage astringent contre la diarrhée des poulains.

    Orge. . . . . 200 grammes.
    Eau. . . . . 1 litre.

Faire bouillir pendant cinq à six minutes.

Passer et ajouter :

    Électuaire diascordium. . . . . 30 grammes.
    Magnésie calcinée. 15

Bien mêler.

Breuvage contre la diarrhée du cheval.

    Laudanum de Sydenham. . . . . . . 8 grammes.
    Eau de graine de lin ou de guimauve.. 1 litre.

Faire prendre en une seule fois.

Breuvage rafraîchissant.

    Feuilles d'oseille. . . . . 2 poignées.
    Eau. . . . . 2 litres.

Faire bouillir pendant cinq à six minutes.

Passer et ajouter :

    Miel. . . . . 125 grammes.

Breuvage stimulant.

    Vin rouge généreux.. . . . .   1 litre.
    Extrait de genièvre.. . . . . 30 grammes.
    Poudre de cannelle.. 15

Mêler ; donner tiède en une fois.

Breuvage stimulant.

    Fleurs de camomille.. . . . . 15 grammes.
    Eau bouillante. . . . .   1 litre.

Faire infuser pendant dix minutes.
Passer et ajouter :

    Eau de-vie.. . . . . 100 grammes.

Donner tiède en une fois.
Excellent remède contre les coliques d'indigestion.

Breuvage tonique.

    Racine de gentiane coupée. . . . . . 30 grammes.
    Écorce de chêne.. 30
    Eau. . . . .   2 litres.

Faire bouillir pendant dix minutes.
Retirer du feu et ajouter :

    Fleurs de camomille. . . . . 15 grammes.

Laisser infuser pendant cinq à six minutes.
Passer et ajouter :

    Acide sulfurique (vitriol). . . . . . . 2 grammes.

Bien mêler.
Donner ce breuvage en une fois.
Il donne de l'énergie aux organes affaiblis par les
maladies ou les privations.

Cataplasme calmant.

    Feuilles de jusquiame.. . . . . 1 poignée.
    Farine de lin.   2   »
    Eau (quantité suffisante).

                                        11.

Faire bouillir pendant dix minutes.

On peut remplacer la jusquiame par de la *belladone* ou de la *morelle*.

Cataplasmes de plantes émollientes.

Feuilles de mauve,   Feuilles de morelle   ou   Feuilles de guimauve.

Faire bouillir pendant un quart d'heure dans une quantité d'eau suffisante pour faire un cataplasme.

Cataplasme de farine de lin.

Farine de lin,
Eau.   } quantité suffisante.

Faire bouillir, en agitant continuellement et jusqu'à ce que la masse soit bien mucilagineuse et suffisamment consistante.

Un cataplasme n'agit que par sa chaleur humide. Or, plus sa couche sera épaisse, plus longtemps il conservera sa chaleur, et par conséquent meilleur il sera.

Cataplasme émollient.

Feuilles de mauve . . . .   2 poignées.
Eau (quantité suffisante).

Faire bouillir pendant dix minutes.
Ajouter :

Farine de lin. . . . .   1 poignée.

Laisser sur le feu en remuant pendant trois à quatre minutes.

Décoction de racine de guimauve.

Racine de guimauve. . . . . 200 grammes.
Eau. . . . .   2 litres.

Faire bouillir pendant un quart d'heure.

Passer à travers un linge.

La décoction de graine de lin se prépare de la même manière.

Décoction de racine de guimauve et de pavots.

Ajouter à la décoction précédente trois têtes de pavot.

Diascordium et thériaque. — Pendant les convalescences, ces médicaments donnent du ton aux organes.

Doses :

```
Pour un cheval. . . . . . . . . . . . . .   60 grammes.
Pour un poulain. . . . . . . . . . . . .    30
Pour un mouton. . . . . . . . . . . . .      4
Pour un chien. . . . . . . . . . . . . .     4
```

Eau blanche.

```
Farine d'orge ou de froment. . . . .   4 poignées.
Eau. . . . . . . . . . . . . . . . . . . .   1 seau.
```

Délayer la farine d'abord dans une petite quantité d'eau, et de manière à n'y laisser aucun grumeau ; y ajouter ensuite le reste de l'eau.

En hiver, se servir d'eau tiède.

Eau de son.

```
Son. . . . . . . . . . . . . . . . . . . . .   5 à 6 poignées.
Eau. . . . . . . . . . . . . . . . . . . . .   1 seau.
```

Pour préparer une bonne eau de son, il faut jeter sur le son de l'eau bouillante suffisamment pour en faire une bouillie très-épaisse ; laisser infuser pendant un quart d'heure, puis ajouter un seau d'eau froide.

C'est le meilleur breuvage pour un cheval malade.

Eau de gruau. — Six à huit poignées, délayées dans un seau d'eau.

L'eau de farine d'orge se prépare de même.

Électuaire de Delafond, contre la toux.

> Poudre de guimauve. . . . . 125 grammes
> — de réglisse 125
> Extrait de pavots 60
> Huile d'amandes douces. 125
> Miel blanc 500

Mêler.

En donner quatre cuillerées à bouche à un cheval, et une cuillerée à un chien.

Électuaire de Delafond, pour réveiller l'appétit du cheval.

> Tartrate de fer et de potasse. . . . . . . 60 grammes.
> Extrait de genièvre. 46
> Poudre de quinquina jaune. 60

Mêler et donner en une fois.

Électuaire contre la constipation du cheval.

> Huile de croton tiglium. . . . . 20 gouttes.
> Poudre de guimauve. . . . . 8 grammes.
> Miel. 15

Mêler et donner en une fois.

Une goutte d'huile de croton suffit pour la constipation du mouton.

Électuaire contre la diarrhée du cheval.

> Poudre de bistorte. . . . . 30 grammes.
> Extrait de pavots blancs. 8

Mêler et donner en une fois.

Électuaire contre l'inflammation des poumons.

> Poudre de réglisse. . . . . 40 grammes.
> Kermès minéral. 10
> Miel blanc. 250

Mêler.

Électuaire stimulant de l'appétit.

> Poudre d'assa-fœtida. . . . .   8 grammes.
> —   d'absinthe   8
> —   d'émétique. . . . . 25 centigr.
> Extrait de gentiane (quantité suffisante pour donner à l'électuaire la consistance du miel).

Faire prendre pendant huit jours pareille dose.

Infusion aromatique contre les coliques.

> Feuilles de sauge. . . . .   1 poignée.
> Feuilles de menthe . . . .   1 demi-poignée.

Jeter dans

> Eau bouillante. . . . .   4 litres.

Laisser infuser pendant dix minutes ; passer à travers un linge et donner cette infusion par quart, de dix en dix minutes.

Lavements. — Les lavements à *petites doses* ont l'avantage d'être gardés par l'animal et conséquemment d'atteindre le but qu'on se propose en les lui donnant. Les lavements à *trop fortes doses* produisent un effet contraire : ils distendent souvent douloureusement le rectum, qui réagit alors sur eux et les expulse.

On comprend la préférence qu'il faut accorder aux seringues d'un calibre moyen, sur ces monstrueuses seringues encore en usage dans les campagnes, et qui contiennent jusqu'à quatre litres de liquide.

Lavement adoucissant de graine de lin.

> Graine de lin. . . . . 200 grammes.
> Eau. . . . .   2 litres.

Faire bouillir pendant dix minutes et passer.

Les lavements de racine de guimauve, de son, d'eau de gruau, se préparent de la même manière.

Lavement calmant.

Graine de lin	400 grammes.
Eau	2 litres.

Faire bouillir pendant cinq à six minutes.
Passer et faire dissoudre.

Extrait de pavots.	15 grammes.

Donner en deux fois.

Lavement calmant.

Têtes de pavots	3.
Graine de lin.	1 poignée.
Eau.	2 litres.

Faire bouillir pendant dix minutes.
Passer dans un linge ou un tamis de crin.

Lavement de graine de lin huileux. — Ajouter
au lavement de graine de lin cinq à six cuillerées d'huile
d'œillette ou d'olive.

Lavement émollient.

Son de recoupe.	6 à 7 poignées.
Têtes de pavots	6.
Eau.	2 litres.

Faire bouillir pendant cinq à six minutes.
Passer.

Lotion émolliente.

Graine de lin	75 grammes.
Têtes de pavots	4.
Eau	2 litres.

Faire bouillir pendant dix minutes.

Passer à travers un linge.

La graine de lin peut être remplacée par la racine de
guimauve, les feuilles de mauve ou de guimauve.

Lavement excitant simple.

Sel de cuisine.	1 poignée.
Eau chaude.	2 litres.

Lavement excitant composé.

Savon noir	3 cuillerées.
Sel de cuisine.	1 demi-poignée.

Faire dissoudre dans

Eau chaude	1 litre.

Lavement rafraîchissant.

Orge.	2 poignées.
Eau	2 litres.

Faire bouillir pendant cinq à six minutes.

Passer et ajouter :

Lait de fromage.	1 litre.

Lavement stimulant.

Têtes de pavots	4.
Eau.	2 litres.

Faire bouillir pendant dix minutes.

Retirer du feu et ajouter :

Fleurs de camomille.	60 grammes.
Semence d'anis	60

Laisser infuser pendant quinze minutes et passer.

Poudre antispasmodique calmante.

Poudre de valériane.	20 grammes.
— d'opium.	2
— de camphre.	2

Bien mêler.

Donner en une fois, une dose par jour, contre les maladies spasmodiques et nerveuses.

Poudre stimulante.

Poudre de réglisse. . . . . 40 grammes.
— d'aulnée. 40
— d'assa-fœtida. 40

Mêler.

Une dose par jour sur le déclin d'une maladie de poitrine.

Poudre stimulante de Lebas, pour réveiller l'appétit des animaux.

Crocus, safran des métaux. . . . . 60 grammes.
Poudre d'assa-fœtida. 60
— de sel de nitre. 60
— de soufre. 60

Mêler.

La dose est d'une cuillerée à soupe dans la provende du jour.

Poudre tonique.

Poudre de gentiane . . . . 15 grammes.
Poudre de sulfate de soude. 15
Carbonate de fer. 2

Mêler.

La dose est de 60 grammes par jour, mêlée à du son mouillé, pour réveiller l'appétit.

Poudre tonique pour les moutons.

Poudre de gentiane. . . . . 4 grammes
Sel gris pulvérisé. 4
Carbonate de fer. 1
Poudre de baies de genièvre. 1

Bien mêler.

Dose pour un mouton : 10 grammes par jour, mêlés à un peu de provende.

Elle stimule l'appétit.

Teinture de quinquina.

        Alcool à 56°. . . . . 250 grammes.
        Quinquina jaune en poudre. 60

Faire macérer pendant quatre à cinq jours au soleil ou à une douce chaleur.

Filtrer.

Stimulante et tonique; employée à l'intérieur et à l'extérieur pour relever les forces.

Maladies du garot. — *Liqueur de Villatte*, contre les plaies profondes du garrot et de l'encolure, avec carie du ligament cervical.

        Sulfate de zinc . . . . 64 grammes.
        —   de cuivre 64

Dissoudre dans

        Vinaigre blanc. . . . . 1 litre.

Ajouter :

        Sous-acétate de plomb liquide. . . . . . 125 grammes.

CHAPITRE XVII.

Médicaments pour les maladies des Glandes.

Breuvage fondant.

> Racine de gentiane sèche. . . . . 100 grammes.
> Eau. . . . . 2 litres.

Faire bouillir pendant 15 minutes.

Passer et ajouter :

> Teinture d'iode. . . . . 15 grammes.
> Iodure de potassium. 4

Bien mêler.

A donner en deux fois dans la journée.

Médicament énergique contre les engorgements per-sistants des glandes.

Liniment fondant.

> Camphre. . . . . 15 grammes.
> Alcool. 1

Triturer jusqu'à ce que le camphre soit réduit en poudre fine.

Ajouter :

> Onguent mercuriel. . . . . 125 grammes.

Bien mêler.

Ajouter ensuite, peu à peu.

> Ammoniaque liquide . . . . 125 grammes.

Employé contre les engorgements froids et indolents.

Autre liniment fondant :

> Huile d'olive, ou blanche . . . . 125 grammes.
> Ammoniaque liquide. 30

Bien mêler.

Il est très-actif contre les engorgements *froids* des glandes.

Onguent arsénical de Naples, contre les tumeurs farcineuses et les glandes de l'auge.

> Onguent populéum. . . . . 200 grammes.
> Poudre d'arsenic blanc 30
> — d'orpiment (sulfure d'arsenic) . . 50
> — de sublimé corrosif. 50
> — d'euphorbe. 25

Bien mêler, et surtout avec précaution, car ces substances sont dangereuses à manier.

Onguent de bi-iodure de mercure.

> Axonge . . . . 32 grammes.
> Bi-iodure de mercure 4

Bien mêler.

Excellente préparation fondante contre les engorgements des tendons et des glandes de l'auge.

Onguent corrosif contre le farcin.

> Acide arsénieux pulvérisé . . . . 30 grammes.
> Sulfure d'arsenic jaune pulvérisé. 50
> Sublimé corrosif pulvérisé. 50
> Euphorbe pulvérisée. 25
> Onguent populéum. 200

Bien mêler.

Ces trois onguents sont dangereux à manier. Il faut en laisser l'emploi exclusivement au vétérinaire.

Onguent fondant.

Iode.	4 grammes.
Iodure de potasse	4

Triturer et faire dissoudre dans

Alcool.	8 grammes.

Ajouter :

Axonge (saindoux)	250 grammes.

Bien mêler.
Contre les engorgements froids.

Onguent fondant de Girard.

Térébenthine	380 grammes.
Bichlorure de mercure.	32

Bien mêler.
Résolutif puissant contre les tumeurs du collier, les engorgements indolents.

Onguent fondant de Lebas.

Cire jaune.	100 grammes.

Faire fondre.
Ajouter :

Savon vert.	125 grammes.
Onguent vésicatoire	500
Onguent mercuriel double.	250
Huile de laurier	100

Mêler.
Bon résolutif contre les ganglions engorgés, les tumeurs dures et indolentes.

CHAPITRE XVIII.

Médicaments diurétiques contre les maladies de la Vessie.

Boisson de Clater, contre le pissement de sang.

        Poudre de gentiane . . . .   4 grammes.
        —   de gingembre   2
        Ether nitrique.   1

Mêler vivement à un litre d'eau de riz.

Faire prendre en une fois.

Autre boisson contre le pissement de sang.

        Vinaigre . . . . 30 grammes.
        Eau ordinaire. . . . . 1 litre.

A donner en une fois.

Boisson de Eckel, contre la rétention d'urine du cheval.

        Racine de guimauve ou graine de lin. . . 30 grammes.
        Eau. . . . . 1 litre.

Faire bouillir 15 ou 20 minutes.

Passer et ajouter :

        Nitrate de potasse. . . . . 30 grammes.

A donner en une fois.

Bol n° 1 de White, contre le diabète.

Poudre d'opium . . . . 4 grammes.
— de gingembre 8
— de quinquina jaune. 15
Miel (quantité suffisante pour former un bol).

Bol n° 2 de White, contre le diabète.

Poudre d'émétique . . . . 8 grammes.
— d'opium 4
— de farine. 40
Miel (quantité suffisante pour former un bol).

Bol diurétique de White, contre l'inflammation de la vessie.

Poudre de sel de nitre. . . . . 15 grammes.
— de camphre. 4
— de réglisse 42
Miel (quantité suffisante pour former un bol).

Bol diurétique.

Térébenthine . . . . 30 grammes.
Miel commun 30
Farine (quantité suffisante pour faire un bol).

Breuvage diurétique.

Graine de lin . . . . 125 grammes.
Eau. . . . . 2 litres.

Faire bouillir pendant 5 à 6 minutes.
Passer et ajouter :

Nitrate de potasse (sel de nitre) . . . . . 60 grammes.
Miel. 200
Vinaigre. 75

Bien mêler.
Donner en deux fois à 5 heures d'intervalle.

Breuvage diurétique.

Essence de térébenthine 10
Eau tiède . . . . 1 bouteille.

Agiter *fortement* au moment de donner ce breuvage.

Breuvage purgatif et diurétique.

> Aloès succotrin pulvérisé. . . . . 30 grammes.
> Nitrate de potasse (sel de nitre). 4
> Eau d'orge chaude. . . . . 2 litres.

Faire dissoudre.

Eau blanche nitrée.

> Sel de nitre (nitrate de potasse). . . . . 5 grammes.
> Eau chaude . . . . 1 verre.

Faire dissoudre et ajouter à un seau d'eau de farine d'orge.

Lavement diurétique.

> Nitrate de potasse (sel de nitre). . . . . 30 grammes.
> Eau. 2 litres.

Faire dissoudre.

Lavement diurétique.

> Pariétaire sèche . . . . 2 poignées.
> Eau . . . . 2 litres.

Faire bouillir pendant 10 minutes et passer.

D'autre part :

> Térébenthine. . . . . 60 grammes.
> Jaunes d'œufs. . . . . 3 jaunes.

Bien délayer ensemble dans un mortier ces deux substances jusqu'à ce que le mélange soit très-homogène ; y ajouter alors, peu à peu, en remuant continuellement avec le pilon, la décoction de pariétaire.

Donner en deux fois, tiède.

Lavement excitant, contre la rétention d'urine.

> Racine de valériane concassée. . . . . . . 4 onces.
> Fleurs de camomille. 1
> Eau. 2 litres.

Faire bouillir pendant un quart d'heure ; passer à travers un linge.

CHAPITRE XIX.

Médicaments pour les maladies de la Matrice et des Organes génitaux.

Breuvage utérin, pour les parts laborieux.

> Rue fraîche . . . . 125 grammes.
> Vin rouge généreux . . . . 1 litre.

Faire infuser pendant 4 heures au soleil ou à une chaleur douce.

Passer et donner tiède.

On peut remplacer la rue par la *sabine*.

Autre breuvage utérin.

> Seigle ergoté pulvérisé. . . . . 30 grammes.
> Miel. 200
> Vin rouge généreux *tiède* . . . . 1 litre.

Délayer et donner aussitôt.

Le seigle ergoté pulvérisé s'altère promptement : il faut donc l'acheter entier et le pulvériser soi-même au besoin. Il y a un autre avantage à agir ainsi : on sera sûr de ne pas l'avoir falsifié. C'est un médicament trop précieux pour que nous oubliions ce conseil.

Maladies des Oreilles.

Teinture de cantharides.

Alcool à 56°. . . . . 250 grammes.
Cantharides pulvérisées 32

Faire macérer dans une bouteille et au soleil pendant 3 à 4 jours ; agiter de temps en temps le mélange.

Passer avec expression.

Excellent vésicant et résolutif pour les distensions et les douleurs auriculaires.

CHAPITRE XX.

Médicaments pour les maladies des Pieds.

Cataplasme, contre les faiblesses des articulations.

Poudre de sauge. . . . .   2 poignées.
 — d'écorce de chêne.   2
 — d'alun . . . .   60 grammes.
Vinaigre (quantité suffisante pour faire un cataplasme).

Cataplasme de Delafond, contre la fourbure ré-cente.

Sulfate de fer . . . .   125 grammes.
Vinaigre.   250

Faire dissoudre et délayer

Argile fraîche . . . .   1 kilo.

Cataplasme de Delafond, contre le javart.

Poudre de guimauve. . . . .   1 poignée.
 — de pavots.   1
Eau *froide* (quantité suffisante pour un cataplasme).

Verser sur le cataplasme

Laudanum de Sydenham. . . . .   30 grammes.

Onguent astringent de Eckel.

Axonge (saindoux). . . . .   125 grammes.
Poudre de sous-acétate de cuivre.   15
 —· de sulfate de cuivre   15
Essence de térébenthine   30

Bien mêler.

Contre les eaux aux jambes et le piétin du mouton.

Onguent astringent de Rodier.

    Axonge. . . . . 125 grammes.
    Miel commun 60
    Poudre de sous-acétate de cuivre. 32

Bien mêler.

Préparation excellente contre les eaux aux jambes, au début.

Onguent de Delafond, contre la crevasse du pied.

    Suif. . . . . 500 grammes.
    Cire jaune. 30
    Goudron. 125

Faire fondre.

Onguent de pied.

    Cire jaune. . . . . 500 grammes.
    Axonge (saindoux). 500

Faire fondre et ajouter :

    Térébenthine . . . . 500 grammes.
    Miel. 500
    Huile grasse. 500

Bien mêler.

Il entretient la souplesse du sabot et prévient les gerçures.

Poudre contre les eaux des jambes.

    Vert-de-gris pulvérisé.. . . . . 15 grammes.
    Myrrhe pulvérisée. 30

Mêler.

Saupoudrer deux fois par jour la partie malade.

CHAPITRE XXI.

Médicaments purgatifs.

Nous l'avons déjà dit plusieurs fois dans le cours de ce manuel, et nous ne saurions trop le redire, il faut bien se garder de l'abus des purgatifs, qui amène souvent des maladies d'intestins et de foie.

Avant de purger l'animal, il est d'une bonne précaution de le préparer pendant deux jours par une nourriture rafraîchissante (son mouillé, peu de foin, peu ou point d'avoine).

Donner le purgatif le matin à jeun et ne permettre la nourriture que trois heures après. Le purgatif n'agit que 15 à 20 heures après avoir été donné. Promener l'animal au pas et ne lui donner que très-peu de nourriture pendant cette période de temps. Pendant la durée de l'action du purgatif, les boissons doivent être données tièdes.

Breuvage purgatif à l'huile de ricin.

> Huile de ricin. . . . . 250 grammes.
> Eau chaude . . . . 1 litre.

Agiter avant de le donner.

Breuvage purgatif au sulfate de soude.

Sulfate de soude. . . . . 400 grammes.
Eau chaude . . . . 1 litre.

Faire fondre.

Breuvage purgatif à l'aloès.

Aloès caballin. . . . . 90 grammes.
Eau. . . . . 1 litre.

Breuvage purgatif pour le bœuf.

Séné. . . . . 60 grammes.
Eau. . . . . 2 litres.

Faire infuser pendant cinq minutes, passer et ajouter :

Poudre d'aloès. . . . . 60 grammes.

Bien mêler et donner en une fois.

Breuvage purgatif pour le mouton.

Séné. . . . . 4 grammes.
Eau chaude . . . . 1 verre.

Faire infuser, passer et ajouter :

Poudre d'aloès. . . . . 8 grammes.
Sulfate de soude. 30

Faire fondre.
Dose pour un mouton.

Électuaire purgatif pour le cheval.

Poudre d'aloès. . . . . 30 grammes.
Sulfate de soude. 125
Miel. 200

Bien mêler et donner en une seule fois le matin à jeun.

Lavement purgatif au sulfate de soude.

Eau de guimauve. . . . . 2 litres.

Ajouter :

Sulfate de soude. . . . . 400 grammes.

Faire dissoudre.

Lavement purgatif, contre l'apoplexie.

> Feuilles de mercuriale. . . . .   3 poignées.
> Eau. . . . .   2 litres.

Faire bouillir pendant un quart d'heure, passer la décoction à travers un linge ou un tamis.

Ajouter :

> Sel de Glauber (sulfate de soude). . . . . 180 grammes.
> Miel commun . . . .   6 cuillerées.

Faire dissoudre ; administrer en deux fois à un quart d'heure d'intervalle.

Purgatif à l'aloès.

> Poudre d'aloès succotrin. . . . .   30 à 40 grammes.

suivant la force du cheval.

> Savon blanc râpé. . . . .   20 grammes.

Faire un bol.

CHAPITRE XXII.

Médicaments pour les maladies de la Peau.

Breuvage sudorifique.

Bourrache sèche.	2 poignées.
Eau bouillante.	2 litres.

Faire infuser pendant quinze minutes.

Passer.

On peut remplacer la bourrache par la fleur de sureau.

Liniment contre les dartres humides.

Goudron.	40 grammes.
Huile d'olive.	20

Mêler.

Autre liniment contre les dartres humides.

Goudron.	400 grammes.
Axonge	300

Faire fondre à un feu doux et mêler.

Autre liniment contre les dartres humides.

Sous-acétate de plomb (extrait de saturne)	32 grammes.
Alcoolat vulnéraire.	32
Eau distillée.	1 litre.

Mêler.

Liniment contre la gale.

Vinaigre.	1 litre.
Sel de cuisine	1 poignée.
Poudre de chasse.	5 grammes.
Fleur de soufre.	1 poignée.

Faire chauffer jusqu'à l'ébullition dans un vase de terre ; retirer du feu et ajouter :

Térébenthine.	4 décilitres.

Mêler exactement et faire avec ce liniment deux fortes frictions par jour sur tout le corps, à l'aide d'une brosse rude ; renouveler ces frictions pendant trois jours.

Autre liniment contre la gale.

Huile de noix	500 grammes.
Soufre sublimé.	80
Poudre de noix de galle.	30

Faire chauffer l'huile, — sans la faire bouillir, — y projeter ensuite le soufre par petites quantités à la fois, en ayant soin d'agiter sans cesse avec une spatule ou un morceau de bois ; ajouter la poudre de noix de galle et laisser le tout sur un feu doux, pendant une demi-heure.

Pour employer ce liniment, on le fait chauffer à 50 ou 60° ; on frictionne vigoureusement la peau avec un morceau de vieille couverture fixée à l'extrémité d'un bâtonnet. Cette opération doit durer quatre à cinq minutes environ ; puis l'animal est rentré dans un endroit chaud.

Autre liniment contre la gale.

Huile de noix	1/4 de litre.
Vinaigre.	1/4
Soufre sublimé.	30 grammes.
Tabac en poudre.	15
Vert-de-gris en poudre	10

Mêler le tout, verser dans un vase de grès, chauffer en remuant jusqu'à une température d'environ 60°.

Frotter le malade avec un tampon d'étoffe de coton ou de laine.

Six à huit jours après, renouveler la friction, si la gale n'a pas disparu.

Liniment spécial contre la gale du chien.

Sous-acétate de plomb liquide. . . . . . 30 grammes.
Huile de colza ou d'olive. 30
Fleur de soufre. 15

Mélanger ces trois substances par le fouettage au moment de s'en servir. Trois ou quatre embrocations suffisent ordinairement pour guérir la gale du chien.

Onguent sulfureux simple, contre les dartres sèches.

Soufre sublimé. . . . . 125 grammes.
Graisse de porc 500

Mêler.

Onguent contre les dartres du chien.

Bi-iodure de mercure. . . . . 1 gramme.
Axonge. 32

Bien mêler.

Onguent soufré, contre la gale.

Axonge . . . . 375 grammes.
Fleurs de soufre lavées (soufre sublimé). 125

Bien mêler.

Onguent contre la gale rouge.

Axonge . . . . 500 grammes.
Sulfate de zinc. 35
Poudre de cantharides 15

13

Avec cette pommade on frictionne les parties malades, puis on en applique une couche légère sur la peau; avant de faire de nouvelles applications, on attend que l'effet de la première ait eu lieu, ce qui demande plusieurs jours.

Autre onguent contre la gale rouge.

        Graisse de porc . . . . 750 grammes.
        Soufre sublimé 180
        Carbonate de potasse 180

En frictions vigoureuses.

Onguent contre la gale et les dartres invétérées.

        Cire jaune. . . . . 32 grammes.

Faire fondre et ajouter :

        Axonge ou beurre . . . . 32 grammes.
        Poudre d'arsenic. 1

Bien mêler.

Onguent contre la gale des moutons.

        Axonge (saindoux). . . . . 1 kilogr.

Faire fondre.

Ajouter d'abord, et par petites portions à la fois, pour ne pas faire de grumaux :

        Poudre de cantharides . . . . 40 grammes.

et ensuite :

        Pommade mercurielle double. 45
        Essence de lavande 175
        Savon vert. 850

Très-énergique. Une friction soir et matin.

Cérat arsenical de Delafond.

        Cérat simple. . . . . 46 grammes.
        Arsenic pulvérisé . . . . 8 centigr.

Bien mêler.

Énergique contre la gale du chien et du chat.

CHAPITRE XXIII.

Médicaments vermifuges.

Breuvage vermifuge.

> Huile empyreumatique. . . . .   30 grammes.
> Jaunes d'œuf . . . .   3 jaunes.

Bien délayer pour faire un mélange homogène.
Ajouter :

> Infusion de tanaisie. . . . .   1 litre.

Donner ce breuvage chaque matin à jeun, jusqu'à la disparition des vers.

CHAPITRE XXIV.

Médicaments pour les maladies des Yeux.

Collyre calmant, contre les inflammations des paupières.

> Eau tiède.................... 90 grammes.
> Extrait d'opium.............. 15 centigr.

Dissoudre et laver les paupières trois fois par jour.

Autre collyre calmant.

> Pavots..................... 6 têtes.
> Riz....................... 250 grammes.
> Eau....................... 1 litre.

Faire bouillir pendant quinze minutes et passer.

Collyre astringent, contre les ulcérations chroniques des paupières.

> Sulfate de zinc .... 60 grammes.
> Eau...................... 500

Faire fondre, et laver les paupières trois fois par jour.

CHAPITRE XXV.

Formules de Teintures employées en médecine vétérinaire.

Teinture de quinquina.

<pre>
Quinquina gris concassé. . . . . 100 grammes
Alcool à 56° 400
</pre>

Préparer de même la teinture de gentiane,
     —   —   de jalap,
     —   —   de noix de Galle,
     —   —   de scille,
     —   —   de séné,
     —   —   de valériane.

Teinture d'assa-fœtida.

<pre>
Assa-fœtida. . . . . 100 grammes.
Alcool à 80°. 400
</pre>

Faire macérer huit jours et filtrer.

Préparer de même la teinture de rue,
     —   —   d'euphorbe,
     —   —   de noix vomique.

Teinture d'opium.

<pre>
Opium. . . . . 30 grammes
Alcool à 56°. 220
</pre>

Faire macérer huit jours et filtrer.

Laudanum de Sydenham.

Opium.	60 grammes.
Safran.	30
Cannelle.	4
Girofle.	4
Vin généreux	500

Faire macérer quinze jours, en agitant de temps en temps; exprimer dans un linge et filtrer. Conserver dans une bouteille bien bouchée.

Vin de gentiane.

Vin généreux	1 litre.
Alcool.	125 grammes.
Gentiane pulvérisée grossièrement. . . .	60

Laisser infuser pendant huit jours, en agitant de temps en temps le mélange.

Filtrer et conserver dans une bouteille bien bouchée.

La dose est de 500 grammes pour les grands animaux, et de 60 grammes pour les petits.

Le vin de gentiane s'emploie pour réveiller l'appétit.

Sinapisme.

Farine de moutarde }
Eau. . . . . } quantité suffisante.

Pour le rendre plus actif, on y ajoute trois ou quatre cuillerées de bon vinaigre.

CHAPITRE XXVI.

Falsification des Engrais.

L'analyse chimique peut seule démontrer la falsification des engrais.

Cette opération étant impraticable pour les personnes auxquelles ce livre est destiné, nous nous bornerons à leur indiquer un moyen facile de reconnaître la falsification d'un engrais simple, *le sulfate d'ammoniaque.*

Ce sel se volatilise à une température élevée : or, si vous mettez 30 grammes, par exemple, de ce sel dans une petite capsule en porcelaine, et si vous placez ensuite cette capsule sur un feu vif, il ne restera rien au fond de la capsule, *si le sel est pur.* S'il y reste, au contraire, un résidu, vous le peserez : son poids vous indiquera dans quelle proportion le sulfate aura été mêlé à des substances étrangères.

Un bon sulfate d'ammoniaque ne doit pas donner un résidu de plus de 7 à 8 pour 100. Tout ce qui excédera ce poids sera le résultat d'une fraude.

Voici un moyen employé pour tricher sur le poids de ce sel :

Comme le sulfate d'ammoniaque attire l'humidité de l'air, les fraudeurs ont soin de le tenir dans des endroits humides, afin de lui donner du poids ; ou bien encore ceux qui le préparent ne le dessèchent pas suffisamment, et y laissent à dessein une plus grande quantité d'eau de cristallisation qu'il ne doit en contenir.

Voici maintenant le moyen de reconnaître cette fraude :

On mettra une certaine quantité de ce sel sur du papier brouillard, puis on recouvrira le tout d'une petite boîte ou soucoupe, que l'on abandonnera pendant trois ou quatre heures. Si, au bout de ce temps, le papier est *très-humide,* c'est que le sulfate contiendra trop d'eau.

Il est bien entendu que cette petite expérience ne peut donner que des renseignements approximatifs, et que l'analyse peut seule indiquer la valeur vénale d'un sulfate d'ammoniaque. Or, comme une différence de 1 pour cent d'ammoniaque correspond à une différence de 18 f. sur le prix, l'acheteur fera bien de faire analyser les engrais, s'il a des doutes sur leur origine.

L'analyse des engrais est une des plus délicates opérations de la chimie ; je ne prétends donc pas mettre les cultivateurs en mesure de reconnaître eux-mêmes la valeur des engrais qu'ils achètent. Le Gouvernement a prévu ce cas. On a institué, dans plusieurs départements, des laboratoires où des professeurs distingués analysent les engrais commerciaux.

Mais, dans tous les cas, les cultivateurs pourront adresser, *franco,* leurs engrais ou leurs terres à M. Hervé-Mangon, professeur d'hydraulique agricole, à l'Ecole impériale des ponts et chaussées, rue des Saints-Pères, à Paris, avec une lettre explicative. L'analyse est faite gratuitement, de quelque point de la France que vienne la demande, et une réponse détaillée est envoyée aux cultivateurs pour leur faire connaître les résultats des travaux du savant professeur que l'État a chargé de cette utile mission.

FIN.

TABLE DES MATIÈRES.

FIN DE LA TABLE DES MATIÈRES.

FIN DE LA TABLE ANALYTIQUE DES MATIÈRES.